《幼儿心理学》(第2版)
复习指导与习题精编

罗庚兰　主编

中国石化出版社
·北京·

内 容 提 要

本书是国家教育部规划教材《幼儿心理学》(第2版)(教育部师范教育司组编，陈帼眉主编，北京师范大学出版社)的学习辅导书。

本书前面为复习指导部分，按教材章节顺序编排，共分12章，每章又分为学习目标、知识要点、例题解析、达标测试四个板块。本书后面为模拟测试部分，按照各省市《考试大纲》所规定的考试内容、能力要求和试卷结构及近年来命题的特点、规律，编写了6套模拟测试题。本书为每章后面的练习题及模拟测试题提供了详细的参考答案。

本书适合中等职业学校学前教育专业教师、学生学习使用，对于中职生参加三校生对口高考考试具有较强的针对性和实用性，是考生必备的一本高职考试复习指导用书。

图书在版编目(CIP)数据

《幼儿心理学》(第2版)复习指导与习题精编 / 罗庚兰主编．—北京：中国石化出版社，2018.9(2024.9 重印)
ISBN 978-7-5114-5013-5

Ⅰ.①幼… Ⅱ.①罗… Ⅲ.①婴幼儿心理学-中等专业学校-习题集 Ⅳ.①B844.12-44

中国版本图书馆 CIP 数据核字(2018)第201449号

中国石化出版社出版发行
地址：北京市东城区安定门外大街58号
邮编：100011 电话：(010)57512500
发行部电话：(010)57512575
http://www.sinopec-press.com
E-mail：press@ sinopec.com
北京艾普海德印刷有限公司印刷
全国各地新华书店经销
*
787×1092 毫米 16 开本 9.5 印张 237 千字
2024 年 9 月第 1 版第 8 次印刷
定价：26.00 元

编写说明

2015年5月，为了给中等职业学校的学生提供参加对口升学招生考试的备考用书，编者根据教育部师范教育司组编的《幼儿心理学》(陈帼眉主编，北京师范大学出版社出版)编写了《〈幼儿心理学〉复习指导与习题精编》。但随着心理学的发展，随着我国学前教育界对儿童心理发展水平了解的需求日益增长，学前教育工作者、家长以及学前教育专业的学生等对学前儿童身心发展规律尊重意识日益提高，对儿童心理发展特点认识的需求也更加强烈。为了能够及时体现新的心理学研究成果，编者根据《幼儿心理学》(第2版)(陈帼眉主编)重新修订充实了相关内容，编写了《〈幼儿心理学〉(第2版)复习指导与习题精编》。

修订过程中，编者认真研究了各省市《考试大纲》所规定的考试内容、能力要求和试卷结构及近年来命题的特点、规律，研究分析了考生的答题状况，把握其得失及形成原因，确定题型和内容，以求复习的针对性、实效性。

本书的复习指导部分按照教材章节顺序编写，分为学习目标、知识要点、例题解析、达标测试四大板块；模拟测试部分编写了六套测试题。书中练习，设置了单选题、多选题、判断题、简答题、论述题、案例分析题，题型丰富，实用性强。

本书由罗庚兰主编。在编写过程中，编者参考、引用、借鉴了许多同仁的相关资料，在此表示诚挚的谢意。

由于编者水平有限，编写时间仓促，书中难免有不妥之处，敬请使用本书的老师和同学多提宝贵意见，以便今后修改和补充。

目　录

第一编　幼儿心理学的一般问题

第二编　幼儿的认知和言语发展

第三编　幼儿的情绪、个性与社会性发展

第四编　模拟测试

第一编　幼儿心理学的一般问题

第一章　初识幼儿心理学

【学习目标】

◆ 幼儿心理学的概念；
◆ 心理的实质；
◆ 学习幼儿心理学的意义；
◆ 影响儿童心理发展的因素。

【知识要点】

- 绪论
  - 幼儿心理学的研究对象
    - 心理现象
      - 动机
      - 心理过程
        - 认识过程
        - 情感过程
        - 意志过程
      - 个性
        - 能力
        - 性格
        - 气质
    - 心理的实质
    - 幼儿心理的研究对象
  - 影响儿童心理发展的因素
    - 遗传因素与生理成熟
    - 环境和教育
    - 幼儿自身的心理和幼儿的活动
  - 学习幼儿心理学的意义
    - 现实意义
    - 理论意义

第一节　幼儿心理学的研究对象

一、心理现象与心理

（一）什么是心理现象

心理现象又叫心理活动，简称心理。可以划分为动机、心理过程和个性三个部分。

1. 动机

人的一切活动，无论是简单的还是复杂的，都是在某种内部动力的推动下进行的。这种推动人的活动，并使活动朝向某一目标的内部动力就是人的活动动机。

2. 心理过程

心理过程包括认识过程、情感过程和意志过程。

认识过程：是人的基本的心理过程，包括感觉、知觉、记忆、思维、想象等。人对事物的认识开始于感知觉。

情感过程：指喜、怒、哀、乐、悲、恐、惊等体验。

意志过程：人在认识事物或活动过程中，能够自觉地控制和调节自己的行为，通过努力而达到预定的目的。心理学上将这种心理活动称为意志过程。

3. 个性

个性心理特征包括能力、气质和性格三个方面。

(二) 心理的实质

心理的实质是人脑对客观现实的反映，具体体现在以下三个方面：

1. 心理是人脑的机能

心理活动是由大脑活动产生的。没有大脑便没有心理，大脑出现障碍必然会影响心理活动。

2. 心理是对客观现实的反映

客观现实是心理的内容与源泉。客观现实是指我们心理以外的一切，包括大自然、各种社会生活条件和人的各种活动。

3. 人的心理活动具有主观能动性

在人脑中的心理反映，和镜子里的反映不同。镜子是被动地反映事物，原原本本地反映所照的事物，而心理对客观事物的反映是主动的。

心理对客观事物的反映是带有主观色彩的。人的心理的主观能动性还表现在人不但能反映外部世界，还能认识自己，能够支配和调节自己的行动，改造自己和改造世界。

二、幼儿心理的研究对象

幼儿心理学是研究幼儿期(3~6、7岁)儿童心理发展特点和规律的科学。

第二节　影响幼儿心理发展的因素

影响儿童心理发展的因素各种各样，归纳起来有：遗传、生理成熟、环境和教育、幼儿自身的心理和幼儿的活动。

一、遗传因素和生理成熟

(一) 遗传

遗传是一种生物现象，是指祖先的生物特性传递给后代的现象。

遗传素质是儿童心理发展的物质前提。幼儿正是在这种生物的物质前提下形成了自己的心理。

遗传对幼儿心理发展的作用主要表现在如下几个方面：

1. 遗传为幼儿心理发展提供最基本的自然物质前提

人类在进化的过程中，形成了高度发达的大脑和神经系统，这是人的心理活动最基本的物质前提。正常的大脑和神经系统是幼儿心理发展的基础。

2. 遗传奠定了幼儿心理发展个别差异的最初基础

心理研究告诉我们，遗传素质的不同是造成个别差异的重要基础。它规定了每个儿童心理不同发展的可能性。

（二）生理成熟

生理成熟是指儿童身体生长发育的程度和水平。

儿童的生理成熟或发展是有一定顺序的。儿童生长发育的顺序是头部发育最早，其次是躯干，再次是上肢，然后是下肢。儿童动作发展的顺序是先会抬头，然后会翻身，再会坐，会爬，会站，最后才会走路。先发展臂部的动作，后发展手指的动作。

生理成熟的顺序性为儿童心理活动的出现与发展的顺序性提供了基本的前提。

儿童生长发育的速度，也服从一定的规律。总的来说，在出生的头几年，即婴儿期，生长发育很快，以后会减慢，到了青春期，又出现一个迅速生长发育的阶段。

生理成熟在一定程度上对儿童心理发展起制约作用。

美国心理学家格赛尔所做的著名的双生子爬楼梯实验证明，人的生理成熟对儿童学习技能有明显的制约作用，也说明提前学习对孩子并没有多大作用，因为他的生理成熟还没有达到所需要的水平。

关键期是由奥地利生物学家劳伦兹提出的。它是指个体成长的某一时期，其成熟程度恰好适合某种行为的发展；如果失去或错过发展的机会，以后将很难学会该种行为，有的甚至一生难以弥补。

二、环境和教育因素

所谓环境就是指儿童周围的客观世界，包括自然环境和社会环境。

教育作为社会环境中最重要的因素，在一定程度上对儿童的心理发展水平起着主导作用。

环境对儿童心理发展的影响作用主要体现在两个方面：

1. 环境使遗传和生理成熟所提供的心理发展的可能性变为现实

遗传素质仅仅是物质前提，没有环境的影响，心理发展不会由可能性转化为现实。

2. 社会生活条件和教育是制约儿童心理发展水平和方向的重要因素

（1）社会生活条件与教育水平影响幼儿的心理发展水平。

（2）儿童与成人的交往活动对儿童心理的形成与发展具有极其重要的影响作用。

（3）具体的生活条件和教育条件是形成幼儿个别差异的最重要条件。

影响幼儿比较多的具体环境主要有：

① 家庭。家庭的文化氛围、家庭的经济状况、单亲家庭与正常家庭、父母的教养方式等都对幼儿的心理发展产生重要的影响。

② 幼儿园和社会托幼机构。幼儿在幼儿园里接触的老师，所开展的游戏、活动等都会对他们的心理产生不同的影响。

③ 电视等各种媒体。电视中的行为会引起幼儿的模仿，也影响到幼儿社会观念的建立。

三、幼儿心理和幼儿活动

（一）影响幼儿心理发展的因素

影响幼儿心理发展的因素不仅有遗传、生理成熟、环境和教育等客观条件，而且有幼儿自身的心理活动、自身的积极性和主动性等主观因素。

影响幼儿心理发展的主观因素包括幼儿的全部心理活动，具体说来有：幼儿的需要，幼儿的兴趣爱好，幼儿的能力，幼儿的性格及行为习惯，幼儿的自我意识等。其中最为活跃的是幼儿的需要。游戏是幼儿最需要的活动。

（二）幼儿的活动

幼儿的心理是在活动中形成和发展的。幼儿的活动主要包括对物的操作活动和与人的交往活动。

总之，影响幼儿心理发展的因素是比较复杂的，它们相互影响、共同作用，影响着幼儿的心理发展，而且各种因素在不同的情况下对不同幼儿的影响因人而异。遗传与环境对幼儿的心理形成与发展都极为重要，而这些因素的影响作用是通过幼儿自身的心理活动而实现的。

第三节　学习幼儿心理学的意义

一、学习幼儿心理学的现实意义

（1）学习幼儿心理学，有助于了解幼儿心理的特点，走进童心世界；

（2）学习幼儿心理学，有助于树立正确的儿童观；

（3）掌握幼儿心理特点和规律，有助于做好幼儿教育工作；

（4）学习幼儿心理学，有助于为幼儿发展提供更加适合的环境。

二、学习幼儿心理学的理论意义

（1）幼儿心理学为辩证唯物主义的基本原理提供科学依据；

（2）幼儿心理学有助于我们反思自己的心理活动；

（3）幼儿心理学有助于丰富和充实心理学的一般理论。

第四节　怎样学习幼儿心理学

1. 抓住幼儿心理学的学科特点，掌握基本知识，掌握基本概念

首先，幼儿心理学研究幼儿阶段孩子的心理特点和规律，学习幼儿心理学时一定要明确研究对象。

其次，了解和把握幼儿心理学这一学科的结构特点，获得本学科的总体概要。

最后，掌握基本知识和基本概念。

2. 理论与实际相结合，把观察、实验和理论学习结合起来

观察与实验是学习幼儿心理学的重要辅助方法。

【例题解析】

1. [单项选择题]人最基本的心理过程是(　　)。

A. 感知觉　　B. 认识过程　　C. 情感过程　　D. 意志过程

【解析】B。本题考查的是对心理现象所包含内容的理解。人的心理现象可以划分为三个部分：动机、心理过程和个性。人最基本的心理过程是认识过程，人对事物的认识开始于感知觉。

2. [单项选择题]大脑部分受损伤，心理活动就出现障碍。这说明(　　)。

A. 心理是人脑的机能　　B. 心理是对客观现实的反映

C. 心理是在客观现实中发生发展的　　D. 心理具有主观能动性

【解析】A。本题考查的是对心理实质的理解。心理的实质是人脑对客观现实的反映。心理是人脑的机能，心理活动是由大脑活动产生的。一些人脑部受伤或发生病变后，他们的心理活动便出现异常。由此可见，没有大脑便没有心理，大脑出现障碍必然会影响心理活动。

3. [多项选择题]影响幼儿心理发展的因素有(　　)等客观条件。

A. 遗传　　B. 生理成熟

C. 环境和教育　　D. 幼儿自身的心理

【解析】ABC。本题考查的是对影响幼儿心理发展因素的理解。影响幼儿心理发展的因素有遗传、生理成熟、环境和教育等客观条件，还有幼儿自身的心理活动、自身的积极性和主动性等主观因素。备选答案中的A、B和C属客观条件，而D是主观因素，应该排除，所以选择ABC。

4. [判断题]心理的产生离不开大脑，因此，有了大脑，人的心理现象就会自然而然地产生和发展。(　　)

【解析】错误。本题考查的是对心理的实质的理解。心理的实质是人脑对客观现实的反映。具体体现在以下三个方面：①心理是人脑的机能；②心理是对客观现实的反映；③人的心理活动具有主观能动性。心理活动是由大脑活动产生的，没有大脑便没有心理，大脑出现障碍必然会影响心理活动；客观现实是心理的内容与源泉。人的心理活动总是离不开一定的生活和所接触的环境。由此可见，心理现象的产生既离不开大脑，也离不开客观现实。

5. [判断题]影响幼儿心理发展的因素不仅有遗传、生理成熟、环境和教育等客观条件，而且有幼儿自身的心理和活动等主观因素。(　　)

【解析】正确。影响幼儿心理发展的因素有遗传、生理成熟、环境和教育等客观条件，还有幼儿自身的心理活动、自身的积极性和主动性等主观因素。

6. [简答题]谈谈学习幼儿心理学对你可能有些什么帮助？

【解析】学习了幼儿心理学对我的帮助有：

① 学习幼儿心理学有助于了解幼儿心理的特点，走进童心世界

② 学习幼儿心理学，有助于树立正确的儿童观

③ 掌握幼儿心理特点和规律，有助于做好幼儿教育工作

④ 学习幼儿心理学，有助于为幼儿发展提供更加适合的环境

7. [案例分析题]宝宝的爸爸妈妈都是大学教授。在宝宝4岁的时候，有人说，遗传了这么优秀的基因，宝宝以后一定也会非常优秀。也有人说，宝宝以后的发展关键还是看父母的教育，以及后天环境的影响，和遗传没有什么关系。

请根据所学理论简要评析这些观点。

【解析】(1)原理：影响儿童心理发展的因素各种各样，归纳起来有遗传、生理成熟、环境和教育等。

① 遗传的作用：提供最基本的自然物质前提；奠定儿童个别差异的最初基础。

② 要正确认识遗传的作用，不否定也不夸大其作用。遗传在客观上为儿童心理的发展提供了最初的物质前提和可能性。

③ 环境和教育可以将遗传和生理成熟提供的可能性转变为现实。

(2) 案例中的“遗传了这么优秀的基因，宝宝以后一定也会非常优秀”的说法夸大了遗传的作用。虽然宝宝遗传了优秀的基因，可他以后是不是非常的优秀，还要看后天的环境和教育，尤其是教育，它对儿童的心理发展水平起着主导作用；而“宝宝以后的发展关键还是看父母的教育，以及后天环境的影响，和遗传没有什么关系”的说法又否定了遗传的作用。遗传是儿童心理发展的基础和前提，如果没有正常的人的遗传基因，也就不会有人的正常心理。遗传和环境相互影响，共同作用，不能片面地把遗传或环境的影响孤立起来看，应该综合起来进行分析，所以，案例中两种人的说法都是不正确的。

【达标测试】

一、单项选择题

1. “看见”“听到”“想象”“记忆”是(　　)。

A. 心理过程　　B. 心理状态　　C. 个性特征　　D. 能力倾向

2. 个性心理特征主要包括哪几个方面(　　)。

A. 需要、兴趣、理想　　B. 认识、评价、体验

C. 世界观、动机、爱好　　D. 能力、气质、性格

3. (　　)的顺序性为儿童心理活动的出现与发展的顺序性提供了基本前提。

A. 遗传素质　　B. 生理成熟　　C. 环境　　D. 教育

4. “一千个读者眼中就有一千个哈姆雷特”说明了(　　)。

A. 心理是人脑的机能　　B. 心理具有主观能动性

C. 心理是对客观现实的反映　　D. 心理在实践活动中不断发展

5. 幼儿期是在以下哪个年龄段范围内？(　　)

A. 1~3岁　　B. 出生~1岁

C. 7~12、13岁　　D. 3~6、7岁

6. 心理发展的自然前提是(　　)。

A. 脑的成熟　　B. 遗传素质　　C. 实践活动　　D. 教育

7. 狼孩阿玛拉和卡玛拉的经历主要反映了(　　)对儿童心理的影响。

A. 遗传素质　B. 生理成熟　C. 环境和教育　D. 实践活动

8. 格塞尔的双生子爬楼梯的实验说明(　　)在一定程度上制约儿童的心理和行为的发展。

A. 遗传素质　B. 生理成熟　C. 实践活动　D. 环境和教育

9. 心理是人脑对(　　)。

A. 客观现实像镜子一样的反映　B. 客观现实被动的反映

C. 客观现实能动的反映　D. 客观现实原原本本的反映

10. 人的心理现象划分没有包括(　　)。

A. 注意　B. 动机　C. 心理过程　D. 个性

11. 推动人的活动并使人的活动朝向某一目标的内部动力是(　　)。

A. 意识　B. 心理　C. 动机　D. 意志

12. 影响幼儿心理发展的最活跃的主观因素是(　　)。

A. 幼儿的需要　B. 幼儿的能力

C. 幼儿的性格　D. 幼儿的行为习惯

13. 在一定程度上对儿童的心理发展水平起主导作用的是(　　)。

A. 环境　B. 遗传　C. 教育　D. 生理成熟

二、多项选择题

1. 下列属于心理过程的是(　　)。

A. 认识过程　B. 实践过程　C. 情感过程　D. 意志过程

2. 影响幼儿心理发展的主观因素包括幼儿全部的心理活动，具体说有(　　)等。

A. 幼儿的能力　B. 幼儿的性格

C. 幼儿的需要　D. 幼儿的自我意识

3. 人的心理现象可以划分为(　　)三个部分。

A. 动机　B. 心理过程　C. 个性　D. 需要

三、判断题

1. 离开了社会生活，人的心理现象就不能得到正常发展。(　　)

2. 学习幼儿心理学可以了解幼儿心理发生发展的特点和规律。(　　)

3. 心理活动不是由心脏产生的，而是由大脑产生的，所以，心理是人脑的机能。(　　)

4. 社会生活条件和教育在一定程度上制约着儿童的心理发展水平与方向。(　　)

5. 人脑对客观现实的反映就像镜子对人的反映一样。(　　)

6. 儿童身体发展的顺序是头—上肢—下肢—躯干。(　　)

7. 关键期是指个体成长的某一段时期，其成熟程度恰好适合某种行为的发展；如果失去或错过了这个时期，以后将很难学会该种行为，有的甚至一生难以弥补。(　　)

8. 心理过程主要包括认识过程、情感过程和意志过程。(　　)

9. 人脑对客观现实的反映受到个人的态度和经验的影响。(　　)

10. 提前学习对孩子并没有多大作用。(　　)

11. 心理对客观事物的反映带有主观色彩。 ( )
12. 心理并不反映周围的一切事物，而是主动地加以选择。 ( )
13. 人的生理成熟对儿童学习技能有明显的制约作用。 ( )

四、简答题

1. 什么是幼儿心理学？

2. 对幼儿影响比较多的具体环境有哪些？

3. 心理的实质是怎样的？

五、论述题

谈谈影响幼儿心理发展的因素有哪些。

六、案例分析题

1920 年，在印度加尔各答附近的一个山村里，人们在狼窝里发现两个由狼抚养过的女孩，大的约 7、8 岁，被取名为卡玛拉；小的约 2 岁，被取名为阿玛拉。后来他们两个被送到孤儿院去抚养。她们的生活习性和狼一样：四肢着地，白天睡觉，晚上活动，喜欢吃肉，不会说话。阿玛拉于第二年死去，卡玛拉经过 7 年的教育，才掌握了 45 个单词，能勉强说几句话，死的时候估计有 16 岁，但其智力只相当于 3、4 的孩子。

请从影响儿童心理发展的因素来解释狼孩的现象。

【参考答案】

一、单项选择题

1. A　2. D　3. B　4. B　5. D　6. B　7. C　8. B　9. C　10. A　11. C　12. A　13. C

二、多项选择题

1. ACD　2. ABCD　3. ABC

三、判断题

1. √　2. √　3. √　4. √　5. ×　6. ×　7. √　8. √　9. √　10. √　11. √　12. √　13. √

四、简答题

1. 幼儿心理学是研究幼儿期(3~6、7 岁)儿童心理发展特点和规律的科学。

2. 对幼儿影响比较多的具体环境有：①家庭；②幼儿园和社会托幼机构；③电视等各种媒体。

3. 心理的实质是人脑对客观现实的反映。具体体现在以下三个方面：

(1) 心理是人脑的机能。心理活动是由大脑活动产生的，没有大脑便没有心理，大脑出现障碍必然会影响心理活动。

(2) 心理是对客观现实的反映，客观现实是心理的内容与源泉。

(3) 人的心理活动具有主观能动性。

五、论述题

影响儿童心理发展的因素多种多样，归纳起来有：遗传、生理成熟、环境和教育等。

(1) 遗传：遗传素质是儿童心理发展的物质前提。

① 遗传为幼儿心理发展提供最基本的自然物质前提；

② 遗传奠定了幼儿心理发展个别差异的最初基础。

(2) 生理成熟：

① 生理成熟的顺序性为幼儿心理活动的出现与发展的顺序性提供了基本的前提；

② 生理成熟在一定程度上对儿童心理发展起制约作用。

(3) 环境和教育：环境对儿童心理发展的影响，主要指社会生活条件和教育的作用。

① 环境使遗传和生理成熟所提供的心理发展的可能性变为现实；

② 社会生活条件和教育是制约儿童心理发展水平和方向的重要因素。

(4) 幼儿自身的心理和幼儿的活动：

① 幼儿自身的心理，如幼儿的需要、幼儿的兴趣爱好、幼儿的能力等对幼儿的心理发展具有非常重要的影响；

② 幼儿的心理是在活动中形成和发展的，活动是促进幼儿心理发展的有效途径。

总之，影响幼儿心理发展的因素是比较复杂的，各种因素相互影响、共同作用，影响着幼儿的心理发展。

六、案例分析题

(1) 影响儿童心理发展的因素有遗传、生理成熟、环境和教育等。遗传素质和生理成熟为儿童心理的发展提供了必要的物质前提；环境使遗传和生理成熟提供的可能性变为现实，教育作为环境中最重要的因素，在一定程度上对儿童的心理发展水平起着主导作用。

(2) 狼孩卡玛拉和阿玛拉虽然具备了人的遗传因素，但她们很早就脱离了人类的社会生活环境，从小和狼生活在一起，没能接受人类的知识、语言方面的教育，即使再回到人类社会，但因他们已错过了学习语言、知识的关键期，所以虽然经过精心抚养，其智力也只能相当于3、4岁孩子的智力。这正好说明了人类生活环境对儿童身心发展的重要作用。

第二章　幼儿心理发展年龄特征概述

【学习目标】

◆ 幼儿心理发展的一般特征和年龄特征；
◆ 各年龄段幼儿心理发展的年龄特征。

【知识要点】

第一节　幼儿心理发展的一般特征

儿童心理年龄特征：儿童心理年龄特征就是指儿童心理发展的各个不同年龄阶段所形成的和表现出来的那些一般的、典型的和本质的心理特征。

幼儿心理发展的一般特征有：

1. 幼儿心理随年龄增长而逐渐发展

2. 幼儿的认识活动以具体形象性为主，开始向抽象逻辑性发展

幼儿认识活动的具体形象性，主要表现在以下几个方面：

（1）对事物的认识主要依赖于感知；

（2）表象活跃；

（3）抽象逻辑思维开始萌芽。

3. 幼儿的心理活动以无意性为主，开始向有意性发展

（1）认识过程以无意性为主；

（2）情绪对活动的影响大，自我控制能力差；

（3）心理活动开始向有意性发展。

4. 幼儿的情感由易变、外露开始向稳定和有意控制发展

（1）由情感易变化向逐步稳定方向发展；

（2）由情感易外露、自我控制力差向有意识地控制自己发展。

5. 幼儿的个性开始形成，向稳定倾向性发展

（1）出现了初步具有一定倾向性的兴趣爱好；

（2）表现出较为明显的气质特点；

（3）表现出最初的性格特点。

6. 幼儿的社会性发展极其重要，是儿童健全人格发展的基础

幼儿的社会性发展是其社会性不断完善并奠定健全人格基础的过程。

第二节　幼儿心理发展的年龄特征

一、3岁前儿童心理发展的年龄特征

(一) 婴儿期(0~1岁)

1. 适应新生活，认识周围世界，开始与人交往

2. 动作不断发展

(1) 从整体混乱的动作到局部的、准确的和专门化的动作；

(2) 从上部动作到下部动作；

(3) 由粗大动作到精细动作；

(4) 从无意动作到有意动作。

3. 心理活动的发生和发展

(1) 最初的认知活动的出现；

(2) 掌握语言的准备；

(3) 情感的发展和最初的社会萌芽。

最初的情绪表现主要是与婴儿的生理需要是否得到满足有关。

半岁左右，婴儿开始产生对他最接近的人的依恋。

微笑是婴儿最初的社会性行为。婴儿对成人的依恋和对成人的交往性微笑都是婴儿社会性发展的萌芽。

(二) 幼儿前期(1~3岁)

1~3岁是儿童学会走路、学会说话的一个重要时期。

1. 动作逐渐发展完善

(1) 学会自由行走；(2) 开始使用工具。

2. 出现新的心理活动

(1) 会说话；(2) 想象开始萌芽；(3) 思维的出现。

3. 独立性开始出现

二、各年龄段幼儿心理发展的年龄特征

(一) 3~4岁幼儿的心理发展特征

3~4岁处于幼儿期的初期阶段，这时期的主要特点是：

(1) 生活范围扩大；

(2) 认识依靠行动；

(3) 情绪影响大；

(4) 爱模仿。

(二) 4~5岁幼儿的心理发展特征

4~5岁是幼儿中期，这时期的心理有了较大的发展，其主要特点是：

(1) 活泼好动；

(2) 思维具体形象；

(3) 开始能够遵守规则；

(4) 开始自己组织游戏。

(三) 5~6 岁幼儿的心理发展特征

(1) 好学好问；

(2) 抽象能力开始萌芽；

(3) 开始掌握认知方法；

(4) 个性初具雏形。

三、3~6 岁幼儿学习的主要方式与特征

(一) 幼儿学习的主要方式

幼儿学习的主要方式有观察模仿学习、操作尝试学习、语言理解学习等。

1. 观察模仿学习

观察是幼儿学习的主要方式。

2. 操作尝试学习

操作尝试学习是幼儿重要的学习方式。对物体的探究与发现、对周围世界的探索都离不开幼儿的操作活动。

第一，操作活动是幼儿探究世界的主要方式。

第二，幼儿的操作学习还可以弥补语言理解和表达的不足。

第三，幼儿的学习很多体现在运用方面，而操作学习是提高幼儿运动技能最为重要的方式。

第四，操作学习会使幼儿获得成就感与自我价值感。

操作学习作为学习方式，又可分为：(1)手把手的操作；(2)尝试错误的操作；(3)模仿示范的操作；(4)反复练习的操作。

3. 语言理解学习

语言理解学习，用于在成人讲解和指导下对行为与态度的学习。

4. 综合性学习

幼儿的学习往往是综合性的，在某种学习活动中，兼有几种学习方式，特别是语言、观察和操作学习的结合。

活动是幼儿学习和发展的源泉和基础。

5. 交往中学习

与成人、同伴的交往活动能促进幼儿多方面的学习与发展。

第一，交往能满足幼儿的认识性动机。

第二，交往能满足幼儿得到认可与支持的需要。

第三，促进幼儿自我意识的生成。

第四，交往能促进幼儿主动性与创造性的发展。

6. 游戏活动

游戏是幼儿进行学习和发展社会性、情绪及认知能力的重要方式。

(二) 幼儿学习的主要特点

1. 容易被扼杀的学习主动性

幼儿是主动的学习者，从直接接触的客体及社会经验中、从文化传承中，幼儿都会主动地建构他们对周围世界的了解。

幼儿的主动学习表现为：(1)好奇；(2)对不了解的事情都要提出问题，甚至打破砂锅问到底；(3)好探究；(4)好模仿。

2. 从兴趣出发的学习积极性

3. 学习的无意性和内隐性

4. 经验与体验作用的显著性

5. 语言指导下的直观形象性

直观形象性是幼儿学习的突出特点。

6. 对环境的极大依赖性

幼儿的学习受环境影响很大。

7. 不容忽视的个别差异性

幼儿的学习存在个体差异。

例题解析

1. [单项选择题]下面属于3~4岁幼儿心理发展特征的是(　　)。

A. 爱模仿　　B. 好学好问

C. 个性初具雏形　　D. 抽象思维开始萌芽

【解析】A。3~4岁幼儿的心理发展特征主要有：(1)生活范围扩大；(2)认识依靠行动；(3)情绪作用大；(4)爱模仿。

2. [多项选择题]下列符合4~5岁幼儿心理发展特点的是(　　)。

A. 活泼好动　　B. 思维具体形象

C. 开始能够遵守规则　　D. 开始自己组织游戏

【解析】ABCD。4~5岁是幼儿心理发展的主要特点有：(1)活泼好动；(2)思维具体形象；(3)开始能够遵守规则；(4)开始自己组织游戏。

3. [简答题]4~5岁幼儿的心理发展特征是怎样的?

【解析】4~5岁幼儿的心理发展特征有：(1)活泼好动；(2)思维具体形象；(3)开始能够遵守规则；(4)开始自己组织游戏。

【达标测试】

一、单项选择题

1. 根据我国现时通行的儿童心理发展阶段的划分，3~4岁儿童属于(　　)。

A. 幼儿前期　　B. 幼儿初期　　C. 幼儿中期　　D. 幼儿晚期

2. 下列属于5~6岁幼儿特征的是(　　)。

A. 认识依靠行动　　B. 开始掌握认知方法

C. 开始接受任务　　D. 最初步的生活自理

3. 幼儿晚期是指(　　)。

A. 0~2 岁　　B. 3~4 岁　　C. 4~5 岁　　D. 5~6 岁

4. (　　)幼儿的个性初具雏形。

A. 5~6 岁　　B. 4~5 岁　　C. 3~4 岁　　D. 2~3 岁

5. (　　)岁幼儿开始出现抽象逻辑思维的萌芽。

A. 3~4 岁　　B. 4~5 岁　　C. 5~6 岁　　D. 2~3 岁

6. 具体形象思维是幼儿思维的主要特点，这一特点在(　　)表现最为明显。

A. 幼儿初期　　B. 幼儿中期　　C. 幼儿期　　D. 幼儿晚期

7. 幼儿初步掌握一些数的概念是在(　　)岁。

A. 3~4 岁　　B. 4~5 岁　　C. 5~6 岁　　D. 5 岁

8. 幼儿学习的主要方式是(　　)。

A. 观察　　B. 操作　　C. 联系　　D. 游戏

9. (　　)是幼儿学习的突出特点。

A. 直观形象性　　B. 个别差异性

C. 学习积极性　　D. 无意性和内隐性

10. (　　)是幼儿探究世界的主要方式。

A. 操作活动　　B. 模仿学习　　C. 语言学习　　D. 观察活动

二、多项选择题(多选、漏选、错选均不得分)

1. 下列符合幼儿初期心理特点的有(　　)。

A. 抽象思维开始萌芽　　B. 爱模仿

C. 情绪作用大　　D. 认识依靠活动

2. 幼儿晚期的心理特点包括(　　)。

A. 好学好问　　B. 抽象能力开始萌芽

C. 个性初具雏形　　D. 不断发展的社会性

3. 幼儿学习的主要方式(　　)。

A. 模仿学习　　B. 操作尝试学习

C. 语言理解学习　　D. 综合性学习

4. 操作尝试学习是幼儿重要的学习方式，又可分为(　　)。

A. 手把手的操作　　B. 模仿示范的操作

C. 尝试错误的操作　　D. 反复练习的操作

5. 幼儿学习的主要特点表现为(　　)等。

A. 从兴趣出发的学习积极性　　B. 经验与体验作用的显著性

C. 语言指导下的直观形象性　　D. 学习的无意性和内隐性

三、判断题

1. 幼儿的个性在 5~6 岁时已经初步定型，有了较为明显的兴趣和爱好。　　(　　)

2. 具体形象思维是幼儿思维的主要特点。 ( )
3. 3~4岁幼儿的认识特点是先做再想。 ( )
4. 幼儿心理随年龄增长而逐渐发展，因此，年龄决定幼儿心理发展。 ( )
5. 幼儿的心理活动和行为常常没有目的，具有很大的无意性。 ( )
6. 婴儿最初的情绪表现主要与婴儿的生理需要是否得到满足有关。 ( )
7. 活动是幼儿学习和发展的源泉和基础。 ( )
8. 操作学习是提高幼儿运动技能最为重要的方式。 ( )

四、简答题

1. 什么是儿童心理年龄特征？幼儿心理发展的一般特征有哪些？

2. 3~4岁幼儿的心理发展特征是怎样的？

3. 5~6岁幼儿的心理发展特征是怎样的？

4. 幼儿学习的主要特点表现在哪些方面？

五、案例分析题

某幼儿在做手纸和厚布哪个沉得快的小实验中，发现手纸沉得比较快。老师问他原因，他回答："因为纸吸水快，所以手纸比厚布沉得快。"

(1) 请根据材料中该幼儿判断的特点，选择该幼儿大概的年龄段：( )

A. 3~4岁　　B. 4~5岁　　C. 5~6岁　　D. 无法确定

(2) 说一说处于这一年龄段的幼儿的心理发展特点是怎样的？

【参考答案】

一、单项选择题

1. B　2. B　3. D　4. A　5. C　6. B　7. C　8. A　9. A　10. A

二、多项选择题

1. BCD　2. ABC　3. ABCD　4. ABCD　5. ABCD

三、判断题

1. √　2. √　3. √　4. ×　5. √　6. √　7. √　8. √

四、简答题

1. 儿童心理年龄特征就是指儿童心理发展的各个不同年龄阶段所形成的和表现出来的那些一般的、典型的和本质的心理特征。

幼儿心理发展的一般特征有：

① 幼儿心理随年龄增长而逐渐发展；

② 幼儿的认识活动以具体形象性为主，开始向抽象逻辑性发展；

③ 幼儿的心理活动以无意性为主，开始向有意性发展；

④ 幼儿的情感由易变、外露开始向稳定和有意控制发展；

⑤ 幼儿的个性开始形成，向稳定倾向性发展；

⑥ 幼儿的社会性发展极其重要，是儿童健全人格发展的基础。

2. 3~4 岁幼儿的心理发展特征：①生活范围扩大；②认识依靠行动；③情绪作用大；④爱模仿。

3. 5~6 岁幼儿的心理发展特征：①好学好问；②抽象能力开始萌芽；③开始掌握认知方法；④个性初具雏形。

4. 幼儿学习的主要特点表现在：①容易被扼杀的学习主动性；②从兴趣出发的学习积极性；③学习的无意性和内隐性；④经验与体验作用的显著性；⑤语言指导下的直观形象性；⑥对环境的极大依赖性；⑦不容忽视的个别差异性。

五、案例分析题

（1）C。从该幼儿的回答可看出，他能对“手纸比厚布沉得快”这一现象做出判断，说明他的思维是抽象逻辑思维。虽然幼儿的思维以具体形象思维为主，但 5~6 岁的幼儿已出现了抽象逻辑思维的萌芽，能对事物做出简单的因果判断，所以该幼儿的年龄应该在 5~6 岁。

（2）处于这一年龄段的幼儿的心理发展特点：①好学好问；②抽象能力开始萌芽；③开始掌握认知方法；④个性初具雏形。

第二编　幼儿的认知和言语发展

第三章　幼儿的注意

【学习目标】

- ◆ 注意的概念、作用及注意的品质；
- ◆ 幼儿期注意的特征以及与幼儿活动的关系；
- ◆ 幼儿注意发展中容易出现的问题及教育措施。

【知识要点】

- 注意
  - 概念及特点
  - 分类
    - 无意注意
    - 有意注意
  - 幼儿注意发展的特征
    - 无意注意占优势地位
    - 有意注意逐渐发展
  - 注意的规律
    - 注意的选择性
    - 注意的稳定性
    - 注意的分配
    - 注意的广度
  - 容易出现的问题
    - 注意的分散
    - “多动”现象

第一节　幼儿注意发展的主要特征

一、注意在幼儿心理发展中的作用

（一）注意的概念

注意是一种心理状态。它是心理活动对一定对象的指向和集中。指向性和集中性是注意的两个基本特点。

注意的指向性是指人在清醒的每一瞬间，心理活动都指向某个对象，而离开其他对象。

注意的集中性是指心理活动在指向某个事物的同时，就会对这个事物全神贯注，把精神都集中到这一事物上，使人的活动得以进行下去并使活动得以完成，有时周围发生了别的事，他也不会察觉到，可能“视而不见，充耳不闻”了。

（二）注意与心理过程

注意不是一种独立的心理过程，它总是与人的其他心理活动相伴随而进行的。

（三）注意对幼儿的活动和心理发展的意义

1. 注意对幼儿活动的意义

（1）游戏是幼儿的主要活动形式，注意是幼儿游戏活动开展的保证；

（2）注意是幼儿学习活动的保证。

2. 注意对幼儿心理发展的意义

（1）注意能使幼儿从环境中接受大量的信息，调整自己的行为；

（2）注意对幼儿认识过程的发展有重要意义；

（3）注意对幼儿坚持性的发展具有重要的影响作用。

二、幼儿注意发展的主要特征

注意可以分为无意注意和有意注意两种基本形式。其主要区别在于是否有目的和是否需要克服困难。幼儿注意发展的特征是无意注意占优势地位，有意注意逐渐发展。

（一）幼儿的无意注意占优势

容易引起幼儿无意注意的诱因有两大类，即：

1. 刺激比较强烈、对比鲜明、新异和变化多动的事物

恰当地利用这些因素非常有利于对幼儿的教育以及幼儿教育活动的组织。

◆ 教师选择和制作的玩具、教具必须是颜色鲜明、对比性强、形象生动、新颖多变的，只有遵循这一心理规律才能吸引和保持幼儿的注意，有效地达到活动的目的。

◆ 要求教师说话清楚，符合儿童特点，同时说话要抑扬顿挫。这样幼儿才能听懂教师所说的话，并能吸引幼儿的注意力。

◆ 恰当安排、布置教室环境，既要避免繁杂干扰，又要能适当引起幼儿的注意，利于幼儿正常活动的开展。

◆ 教育内容、方法要新颖，赋予各种容易引起幼儿注意的因素。

在恰当地利用这些新颖多变的因素对幼儿进行教育的同时，也要考虑到这些鲜明、多变、强烈的事物在幼儿园的活动组织中对幼儿所产生的负面影响。凡是不需要幼儿注意的东西，就不应该过于新鲜、突出和多变。

2. 与幼儿的兴趣、需要和生活经验有关系的事物

◆ 兴趣是引起幼儿无意注意的一个因素。每一个幼儿各有不同，引起幼儿注意的对象也有可能不同。

◆ 需要也是引起无意注意的一个重要条件。

◆ 幼儿的生活经验也与幼儿的无意注意的产生有关。凡是幼儿很熟悉的事物或见过的东西，就非常容易引起幼儿的注意。

（二）幼儿的有意注意初步发展

有意注意是指有预定目的，需要一定意志努力的注意。有意注意是我们自觉控制的注意。

有意注意主要表现在幼儿能自己控制自己的注意，其特点是有目的和需要意志努力。但幼儿的有意注意还处于初步的发展之中，而且幼儿有意注意的目的性和自我控制力主要还依赖于成人的组织与提醒。

幼儿有意注意产生的条件如下：

(1) 幼儿的有意注意依赖于丰富多彩活动的开展。

(2) 幼儿对活动目的、活动任务的理解程度。

(3) 幼儿对活动的兴趣与良好的活动方式：

在组织幼儿进行活动时，最好把幼儿的智力活动与幼儿的实际操作活动结合起来，这样有助于维持幼儿的有意注意。

(4) 言语指导和言语提示：

成人对幼儿注意的组织常是通过言语指示来实现的。通过言语指示，可以提醒幼儿必须完成的动作，注意哪些情况。

(5) 幼儿的性格与意志特点：

性格中细心、坚持性强、不爱认输的幼儿，一般易于使自己的注意服从于当前的活动与任务。

第二节　幼儿的注意与幼儿的活动

一、注意的规律与幼儿的活动

(一) 注意的选择性与幼儿的活动

注意具有选择信息的功能，这就是注意的选择性。

注意选择性的发展有下列规律：

(1) 幼儿注意的选择性在很大程度上是由幼儿的兴趣和情绪引起的；

(2) 幼儿注意的选择性与幼儿的理解水平和幼儿的经验有密切关系；

(3) 幼儿注意的选择性受强化方式的影响。

常见的强化方式有鼓励、表扬和批评、惩罚。一些研究表明，强化可以改变幼儿对注意对象的选择。

另外，刺激物的特点，如鲜艳、多变的事物容易引起幼儿的注意。

(二) 注意的稳定性与幼儿的活动

注意的稳定性是指注意力在同一活动范围内所维持的时间长短。

幼儿注意的稳定性有如下特点：

1. 幼儿注意的稳定性比较差

幼儿注意的稳定性比较差，但随着幼儿年龄的增长其注意力的稳定性逐渐提高。幼儿在不同年龄阶段，其注意的稳定性有明显差异。实验证明：在良好的教育环境下，3岁幼儿能够集中注意3~5分钟左右；4岁幼儿的注意可持久10分钟左右；5~6岁幼儿的注意能维持20分钟左右。因此，不能用成人的标准来要求幼儿长时间地注意一个事物。在设计活动、组织活动时，不应太单调，时间不应太长。

2. 活动中影响幼儿注意稳定性的因素

(1) 注意的对象新颖、生动、形象鲜明；

(2) 活动的游戏化；

(3) 注意与幼儿操作活动的结合；

(4) 幼儿的身体状况。

在组织幼儿活动时，要考虑孩子的健康状况和情绪状况，而且活动时间不宜太长。

3. 幼儿注意的稳定性存在明显的年龄差异

幼儿注意的稳定性存在年龄差异，年龄不同注意的稳定性也不同。年龄越小，注意的稳定性越差。

(三) 注意的分配与幼儿的活动

在同一时间内，把注意分配到两种或几种不同的对象与活动上，这就是注意的分配。如幼儿一边唱歌，一边跳舞；同学们一边听课，一边记笔记等。

幼儿注意的分配能力比较差。小班的幼儿，其注意的分配能力更差一些。

注意分配的条件：

(1) 如果对同时进行的几种活动都比较熟练，或者对其中一种活动掌握得非常熟练，甚至接近于自动化的程度，那么，注意的分配就比较好。

(2) 使同时进行的两种或几种活动，在头脑中形成密切的联系。

(四) 注意的广度与幼儿的活动

注意的广度也叫注意的范围。它是指一个人在同一时间内能够清楚地察觉和把握对象的数量。

幼儿注意的范围是比较小的，但随着年龄的增长，幼儿注意的范围在逐渐扩大。

影响注意广度的因素主要有以下几个方面：

1. 注意对象的特点

注意的对象排列有规律时，注意的范围就要大一些，而排列没有规律的注意范围就小些；注意对象颜色相同时，注意范围就大些，颜色多、杂时，注意范围就小些；大小一致的对象注意，范围大些，大小不一的对象，注意范围就小些；信息组块并有联系的对象，注意的范围就大些，而信息零散毫无联系的对象，注意范围就小些。

2. 活动的任务和个人的知识经验

根据注意广度的规律以及幼儿注意广度的特点，教师在组织幼儿进行活动的过程中，要注意这些问题：

(1) 在组织活动时，应向幼儿提出明确的任务，且任务要具体，不能同时提出太多的任务，以免影响幼儿对某一活动任务的注意范围。

(2) 在教幼儿知识或讲述某一事物时，所使用的教具或所出现的事物一次不能呈现得太多。

(3) 在组织幼儿活动时，要考虑到注意对象的特点。

(4) 为幼儿提供的活动一定是幼儿知识经验范围以内的。

二、幼儿注意发展中容易出现的问题及教育措施

(一) 幼儿注意的分散与防止

幼儿注意的分散是指幼儿的注意离开了当前应该指向的对象，而被一些与活动无关的刺激物所吸引的现象。

一般说来，引起幼儿注意分散的原因有以下几点：

1. 连续进行的单调活动

幼儿如果长时间处于单调的活动状态下，就容易发生疲劳。

措施：幼儿园在组织幼儿活动时，活动不能太单调，形式应多样化，活动时间不能超过各幼儿年龄阶段所适合的时间。

2. 缺乏严格的作息制度

有不少幼儿在家里生活作息时间没有规律，晚上看电视时间长，或者是与成人一起睡得晚，致使幼儿休息不充分而造成疲劳。

措施：幼儿园老师应与家长经常联系，共同保证幼儿的生活合理、有规律，养成良好的生活习惯，从而保证幼儿精力充沛地游戏和活动，防止幼儿注意的分散。

3. 无关刺激的干扰

幼儿很容易被新异、多变、强烈的刺激物所吸引而引起注意分散。

措施：要恰当地避免无关刺激物的干扰；布置环境时不宜过分繁杂；教室的室温也要适宜，过冷或过热都会引起幼儿注意的分散。

4. 注意转移的能力差

注意的转移是指根据任务主动、及时地从一个对象或一种活动转移到另一个对象或另一种活动中去。幼儿注意的转移还不灵活，他们往往不能根据活动的需要及时地将注意集中在当前应该注意的事物或活动上。

措施：教师要善于组织幼儿的活动，适当安排，有效地引导幼儿将注意保持在当前的活动上。

5. 不能很好地进行两种注意的转换

有意注意和无意注意是幼儿注意的两种形式，两种注意在活动过程中是相互补充交替进行的，但是幼儿两种注意的转换不是很好。

措施：教师在组织活动时，应设法使活动的方式与内容适合幼儿特点，增强活动的趣味性，以减少幼儿的疲劳；同时，要引导幼儿集中注意坚持活动，培养幼儿的有意注意，防止其注意的分散；无意注意的时间长也会使幼儿疲劳，组织活动时需运用两种注意的转换。

(二) 幼儿的“多动”现象与注意

幼儿注意的稳定性比较差，主要特征之一就是“多动”。

措施：组织活动时采用适合幼儿的恰当的活动方式，就能使幼儿集中注意力很好地进行活动。

“多动”与“多动症”的区别：多动即爱动，是幼儿的一个特点。多动症又称为“轻微脑功能失调”(简称 MBD)，是儿童的一种行为问题。近年来的研究表明，多动症既有病理上的原因，又有心理上的原因。它的确定需要医疗机构认真综合诊断才能下定论，家长或教师是不能随便下定论的。

【例题解析】

1.［单项选择题］某小朋友在语言活动中，认真、完整地听完了老师讲的故事。这说明该小朋友具有(　　)。

A. 注意的选择性　　B. 注意的范围　　C. 注意的稳定性　　D. 注意的分配

【解析】C。注意的稳定性是指注意力在同一活动范围内所维持的时间长短。本题中的这个小朋友在语言活动中，认真、完整地听完了老师讲的故事，说明他的注意力一直集中在这个语言活动中，所以选 C。

2.［单项选择题］儿童主动、及时地将注意力从一个对象或一个活动转移到另一个对象或另一个活动中去，这是(　　)。

A. 注意的选择性　　B. 注意的稳定性

C. 注意的分散　　D. 注意的转移

【解析】D。本题考查的是注意转移的概念。注意的转移是指根据任务主动、及时地从一个对象或一种活动转移到另一个对象或另一种活动中去。

3.［多项选择题］注意的两个基本特点是(　　)

A. 指向性　　B. 集中性　　C. 选择性　　D. 稳定性

【解析】AB。注意的两个基本特点是指向性和集中性。

4.［判断题］有预定的目的、必要时还需付出一定意志努力的注意，是有意注意。(　　)

【解析】正确。本题考查有意注意的概念。有意注意是指有预定的目的，需要一定意志努力的注意。

5.［简答题］要提高幼儿注意的广度，教师在组织活动时应该怎么做?

【解析】根据注意广度的规律以及幼儿注意广度的特点，教师在组织幼儿进行活动的过程中，应该做到：

(1) 在组织活动时，应向幼儿提出明确的任务，且任务要具体，不能同时提出太多的任务，以免影响幼儿对某一活动任务的注意范围。

(2) 在教幼儿知识或讲述某一事物时，所使用的教具或所出现的事物一次不能呈现得太多。

(3) 在组织幼儿活动时，要考虑到注意对象的特点。

(4) 为幼儿提供的活动一定是幼儿知识经验范围以内的。

6.［案例分析题］亮亮 3 岁了，妈妈给亮亮讲故事，可是亮亮一会说外面有小猫在叫，一会说要玩皮球，总是不能专注地坐着听故事。

请结合幼儿注意发展的特点加以分析。

【解析】幼儿注意发展的特点是：无意注意占优势地位，有意注意逐渐发展。

容易引起幼儿无意注意的诱因有两大类：(1) 刺激比较强烈、对比鲜明、新异和变化多动的事物。那些新颖多变、活动、刺激强烈的因素是引起幼儿无意注意的诱因；(2) 与幼儿兴趣、需要和生活经验有关系的事物。幼儿感兴趣和爱好的事物都容易引起幼儿的注意。但幼儿的有意注意还处于初步的发展之中，而且幼儿有意注意的目的性和自我控制力主要还依赖于成人的组织与提醒。

案例中的亮亮只有 3 岁，其注意以无意注意为主，他的有意注意还处于初步的发展之中，自我控制力还不强，所以，小猫的叫声就会吸引他的注意力；而且玩皮球又是小孩子喜欢的运动，他会想着去玩皮球，因而他不能专注地坐着听故事。

因此，要让孩子认真听故事，就要注意选择符合幼儿兴趣特点的故事和活动方式，以维持孩子的注意力，取得好的效果。

【达标测试】

一、单项选择题

1. 心理活动对一定对象的指向和集中是(　　)。

A. 思维　　B. 记忆　　C. 感知觉　　D. 注意

2. 有自觉的目的，并和(　　)相联系的注意，叫有意注意。

A. 意志努力　　B. 个性　　C. 行动　　D. 内心活动

3. 一个人能同时把歌唱好，把舞跳好，并且能注意在队列中与别人对齐，是注意的(　　)能力好。

A. 广度　　B. 稳定性　　C. 转移　　D. 分配

4. 注意的两个主要特点是(　　)。

A. 清晰性和集中性　　B. 鲜明性和选择性

C. 清晰性和指向性　　D. 指向性和集中性

5. 人在注意力高度集中时往往会出现“视而不见，充耳不闻”的现象，说明人的注意具有(　　)。

A. 指向性　　B. 内在性　　C. 集中性　　D. 稳定性

6. 幼儿一边唱歌，一边跳舞这是注意的(　　)。

A. 选择性　　B. 稳定性　　C. 广度　　D. 分配

7. “一目十行”体现的是注意的(　　)。

A. 选择性　　B. 稳定性　　C. 广度　　D. 分配

8. 与注意的稳定相反的概念是注意的(　　)。

A. 分配　　B. 分散　　C. 转移　　D. 选择

9. 注意力在同一活动范围内所维持的时间的长短指的是(　　)。

A. 注意的稳定性　　B. 注意的选择性

C. 注意的分配　　D. 注意的广度

10. 在良好的教育环境下，3 岁幼儿能够集中注意(　　)。

A. 3~5 分钟左右　　B. 10 分钟左右

C. 15 分钟左右　　D. 20 分钟左右

11. “聚精会神”“全神贯注”主要描绘的是注意的(　　)。

A. 指向性　　B. 集中性　　C. 清晰性　　D. 鲜明性

12. 注意是一种(　　)。

A. 独立的心理过程　　B. 认识风格
C. 心理现象　　D. 个性特征

13. 儿童一进商场就被漂亮的玩具吸引，儿童在这一刻出现的心理现象是(　　)。
A. 注意　　B. 想象　　C. 需要　　D. 思维

14. 离开当前应该指向的对象，而被一些与活动无关的刺激所吸引的现象，是注意的(　　)。
A. 分散　　B. 分配　　C. 转移　　D. 广度

15. 下面属于3~6岁儿童注意发展的特征是(　　)。
A. 无意注意占优势　　B. 有意注意占优势
C. 注意的发展不受语言支配　　D. 有意注意和无意注意均衡发展

16. 天空中过往飞机的轰鸣引起儿童不由自主地注意，这是(　　)。
A. 有意注意　　B. 无意注意　　C. 注意的广度　　D. 注意的分配

17. 儿童从事一项活动能够善始善终，说明他的注意具有很好的(　　)。
A. 集中性　　B. 稳定性　　C. 分配能力　　D. 指向性

二、多项选择题(多选、漏选、错选均不得分)

1. 容易引起幼儿无意注意的诱因有(　　)。
A. 对比鲜明、新异、多动的事物　　B. 幼儿的兴趣
C. 幼儿的需要　　D. 幼儿的生活经验

2. 有意注意是幼儿学习和生活必不可少的注意形式。教师在组织活动时，可以从以下哪几个方面来应用有意注意的规律？(　　)
A. 在组织活动过程中严格要求幼儿遵守秩序
B. 帮助幼儿明确活动的目的和任务
C. 组织能调动幼儿积极性的活动
D. 言语指导和言语提示

3. 根据注意广度的规律及幼儿注意广度的特点，教师组织活动时要注意(　　)
A. 任务要少且要明确、具体　　B. 使用的教具不能太多
C. 应考虑对象的特点　　D. 活动应该是幼儿知识经验范围以内的

三、判断题

1. 在教学过程中，要自始至终维持学生的有意注意。(　　)
2. 在上课的幼儿往往很容易注意到飞进教室的蜜蜂，这种注意是有意注意。(　　)
3. 注意的分配是指根据任务，主动、及时地从一个对象或活动转移到另一个对象或活动中去。(　　)
4. 注意的转移是因为注意不够集中，易受外界干扰，无法将注意保持在对象上而被动改变对象的表现。(　　)
5. 注意的对象颜色相同、大小一致时注意的范围就大些。(　　)
6. 幼儿注意的稳定性存在年龄差异，年龄越小，注意的稳定性越差。(　　)
7. 幼儿的有意注意是在活动中发展起来的。(　　)

8. 强化可以改变幼儿对注意对象的选择。 ( )

9. 在同一时间内把注意指向两种或几种不同的对象或活动上，这是注意的分配。 ( )

10. 4 岁幼儿的注意能够保持在 10 分钟左右。 ( )

11. 总体说来，幼儿注意的稳定性还是比较差，难以持久、稳定地进行有意注意。 ( )

12. 注意的广度又叫注意的范围。是指一个人在同一时间内能够清楚地察觉和把握对象的数量。 ( )

13. 幼儿画画时，突然又玩起了手中的画笔。这是幼儿注意的转移。 ( )

14. 老师出示一张范图，让幼儿看着图听老师讲解。有些小朋友一边听一边照着老师的范图学着摆。这反映了这些幼儿注意不稳定、易分心。 ( )

15. 幼儿的活动越熟练，幼儿注意的分配能力就越强。 ( )

16. 幼儿的任何一种心理过程都离不开注意。 ( )

四、简答题

1. 幼儿有意注意产生的条件有哪些？

2. 幼儿注意的选择性与哪些影响因素有关？

3. 幼儿注意发展的特征是怎样的？

五、论述题

幼儿注意分散的原因有哪些？幼儿教师该如何防止幼儿注意的分散？

六、案例分析

1. “当你垒宝塔时，下面要选最大的积木，……对！就是那个最大的。还有没有了？再找找看……”于是幼儿就找最大的积木搭他的宝塔了。

试用所学知识回答下面问题：老师的这段话有助于幼儿什么注意的产生？这是什么因素对幼儿注意产生的影响？

2. 老师指着图问小朋友："看！花丛中有两只蜜蜂，从远处又飞来两只蜜蜂(老师又拿出两只蜜蜂)，小朋友看，花丛中现在有几只蜜蜂了？"一位小朋友说："老师我还捉过蜜蜂呢！"另一位小朋友说："老师，我爸说蜜蜂还蜇人呢！"于是小朋友都说起蜜蜂来了。

试用所学有关注意的知识分析案例，说说小朋友为什么没有回答老师的问题；并说说幼儿教师应该怎么做，才能取得预期的效果。

【参考答案】

一、单项选择题

1. D　2. A　3. A　4. D　5. C　6. D　7. C　8. B　9. A　10. A　11. B　12. C　13. A　14. A　15. A　16. B　17. B

二、多项选择题

1. ABCD　2. BCD　3. ABCD

三、判断题

1. ×　2. ×　3. ×　4. ×　5. √　6. √　7. √　8. √　9. √　10. √　11. √　12. √　13. ×　14. ×　15. √　16. √

四、简答题

1. 幼儿有意注意产生的条件：
① 幼儿的有意注意依赖于丰富多彩的活动；
② 幼儿对活动目的、活动任务的理解程度；
③ 幼儿对活动的兴趣与良好的活动方式；
④ 言语指导语言与提示；
⑤ 幼儿的性格与意志特点。
2. 幼儿注意的选择性与这些因素有关：
① 幼儿注意的选择性在很大程度上是由幼儿的兴趣和情绪引起的；
② 幼儿注意的选择性与幼儿的理解水平和幼儿的经验有密切关系；
③ 幼儿注意的选择性受强化方式的影响。

常见的强化方式有鼓励、表扬和批评、惩罚。一些研究表明，强化可以改变幼儿对注意对象的选择。

另外，刺激物的特点，如鲜艳、多变的事物容易引起幼儿的注意。

3. 幼儿注意发展的特征是这样的：
(1) 幼儿的无意注意占优势。容易引起幼儿无意注意的诱因有两大类：

① 刺激比较强烈、对比鲜明、新异和变化多动的事物。

② 与幼儿的兴趣、需要和生活经验有关系的事物。

(2) 幼儿的有意注意初步发展。有意注意主要表现在幼儿能自己控制自己的注意，其特点是有目的和意志努力。但幼儿的有意注意还处于初步的发展之中，而且幼儿的有意注意的目的性和自我控制力主要还依赖于成人的组织和提醒。

五、论述题

(1) 幼儿注意分散的原因：

① 连续进行的单调活动。幼儿如果长时间处于单调的活动状态下，就容易发生疲劳。

② 缺少严格的作息制度。有不少幼儿在家里生活作息时间没有规律，晚上看电视时间长，或者是与成人一起睡得晚，致使幼儿休息不充分而造成疲劳。

③ 无关刺激的干扰。幼儿很容易被新异、多变、强烈的刺激物所吸引而引起注意分散。

④ 注意转移的能力差。幼儿注意的转移还不灵活，他们往往不能根据活动的需要及时地将注意集中在当前应该注意的事物或活动上。

⑤ 不能很好地进行两种注意的转换。有意注意和无意注意是幼儿注意的两种形式，两种注意在活动过程中是相互补充交替进行的，但是幼儿两种注意的转换不是很好。

(2) 防止注意分散的措施：

① 幼儿园在组织活动时，活动不能太单调，形式应多样化，而且，活动的时间不能超过各幼儿年龄阶段所适合的时间。

② 幼儿教师应与家长经常联系，共同保证幼儿的生活合理、有规律，养成良好的生活习惯，使幼儿精力充沛地游戏和活动。

③ 恰当地避免无关刺激的干扰，如在环境的布置上不宜过分繁杂，教室的室温也要适宜，不宜过冷或过热。

④ 教师要善于组织幼儿活动，适当安排，有效地引导，使幼儿注意保持在当前的活动上。

⑤ 恰当地引导幼儿进行两种注意的转换，设法使活动的方式与内容适合幼儿的特点，增强活动的趣味性，培养幼儿的有意注意，防止其注意的分散。

六、案例分析题

1. 老师的这段话有助于幼儿有意注意的产生；这是言语指导和言语提示对幼儿注意产生的影响。

2. ①根据注意选择性的发展规律，幼儿注意的选择性与幼儿的理解水平和幼儿的经验有密切关系。幼儿往往会选择那些自己认识的、熟悉的事物来加以注意，对比较复杂而又不好理解的事物，虽然老师要求注意，幼儿还是不能加以选择注意。

②小朋友之所以没有回答老师的问题，是因为小朋友不能理解数的概念，他们只能回答如“我还捉过蜜蜂呢”等自己经历过的、熟悉的事情。

教师应该这样做：在组织活动时，教师提供给幼儿的注意对象应该是幼儿认识能力范围之内的和幼儿易于理解的东西，这样，幼儿注意的选择性就会好些，活动的准确性也会增加，从而大大提高幼儿的活动水平，保证活动的顺利进行。

第四章　幼儿的感知觉

【学习目标】

◆ 感知觉的概念和作用；
◆ 幼儿期感知觉的特征以及与幼儿活动之间的关系；
◆ 如何保护和发展幼儿的视觉和听觉；
◆ 培养幼儿观察力的方法。

【知识要点】

第一节　幼儿感知觉发展的主要特征

一、感知觉在幼儿心理发展中的作用

（一）感知觉的概念

1. 什么是感觉和知觉

感觉：感觉是人脑对直接作用于感觉器官的客观事物的个别属性的反映。

知觉：知觉是人脑对直接作用于感觉器官的客观事物的整体的反映。

知觉是在感觉的基础上形成的，我们常把感觉和知觉称为“感知觉”。

2. 感知觉与认识活动

感知觉是认识活动的开端，是认识客观现实的第一步。

（二）感知觉与幼儿心理的发展

（1）在幼儿的认识活动中，感知觉占据重要地位。幼儿的思维常受感知所左右。

（2）幼儿的记忆也直接依赖于感知的具体材料。

（3）幼儿的意志和情绪行为，也常受感知的影响而变化。

二、幼儿感知觉发展的主要特征

（一）视觉

1. 视敏度

视敏度：视敏度即视觉敏锐度，是指幼儿分辨细小物体或远距离物体细微部分的能力，也就是我们通常所说的视力。

视敏度随年龄的增长而不断提高，但发展速度不均衡。

2. 颜色视觉

据实验研究，幼儿的颜色视觉发展有如下特点：

① 幼儿初期(3~4岁)，已能初步辨认红、橙、黄、绿、蓝等基本色，但难以辨认紫色等混合色和蓝与天蓝等近似色，也难以说出颜色的正确名称。

② 幼儿中期(4~5岁)，大多数能认识基本色、近似色，并能说出基本色的名称。

③ 幼儿晚期(5~6岁)，不仅能认识颜色，而且在画图时，能运用各种颜色调出需要的颜色，并能正确说出黑、白、红、蓝、绿、黄、棕、灰、粉红、紫等颜色的名称。

(二) 听觉

1. 听觉感受性

听觉感受性包括听觉的绝对感受性和差别感受性。绝对感受性是指分辨最小声音的能力。差别感受性是指分辨不同声音的最小差别的能力。

幼儿的听觉感受性有很大的个别差异。有的幼儿感受性高些，有的则低些。听觉感受性随年龄增长而不断完善。

2. 言语听觉

幼儿中期可以辨别语音的最小差别，到幼儿晚期，几乎可以毫无困难地辨明本民族语言包含的各种语音。

重听：指有些幼儿虽然对别人所说的话听得不清楚，不完全，但是，他们常常能根据说话者的面部表情、嘴唇的动作及当时说话的情境，正确地猜出别人所说的内容。即听觉不灵敏、听觉迟钝的现象。人们应重视“重听”给幼儿带来的危害。

(三) 触觉

触觉是肤觉和运动觉的联合，是幼儿认识世界的重要手段。

1. 视触觉的协调

视触协调主要表现为眼手探索活动的协调。眼手协调活动是婴儿认知发展过程中重要的里程碑，也是手的探索活动的真正开始。

眼手协调动作出现的主要标志是伸手能抓到东西。

2. 动觉

幼儿动觉的感受性随年龄增长而提高。

(四) 空间知觉

空间知觉包括方位知觉、距离知觉和形状知觉，是用多种感官进行的复合知觉。

1. 方位知觉

方位知觉是指对物体的空间关系和自己的身体在空间所处位置的知觉，包括辨别上、下、前、后、左、右、东、西、南、北、中的知觉。

幼儿方位知觉的发展趋势是：3岁辨别上下，4岁辨别前后，5岁开始能以自身为中心辨别左右，6岁能正确辨别上下前后四个方位，但以左右方位的相对性来辨别左右仍感困难。因此，教师在音乐、体育等教学活动中，要用“照镜子式”的示范动作，即以幼儿的角度来做示范动作。

2. 距离知觉

距离知觉是辨别物体远近的知觉。

幼儿常常不懂得近物大，远物小，近物清楚，远物模糊等感知距离的视觉信号。

3. 形状知觉

形状知觉是对物体形状的知觉。它依靠运动觉和视觉的协同活动。

幼儿的形状知觉发展很快，3 岁幼儿能区别圆形、正方形、三角形等。4 岁到 4 岁半是辨认几何图形正确率增长最快的时期。5 岁幼儿能正确辨别各种基本的几何图形。幼儿叫出图形名称比辨认图形要晚。

（五）时间知觉

时间知觉是对客观现象的延续性、顺序性和速度的反映。

幼儿前期，主要以人体内部的生理状态来反映时间。幼儿初期，已有一些初步的时间概念。幼儿中期幼儿能正确理解“昨天”“明天”，也能运用“早晨”“晚上”等词。幼儿晚期，在前面的基础上，又能辨明“前天”“大后天”等，并能学会看钟表等。但对更大或更小的时间单位，如几个月、几分钟等的辨别，仍感困难。

第二节　感知特性与幼儿活动

一、感受性变化与幼儿活动

（一）适应

感受性可因刺激的持续时间而降低或提高。

在组织教育活动中，教师要有效地利用幼儿的适应现象。当班上幼儿在喧嚷时，教师要带头轻声说话，创造安静的环境，提高幼儿听觉的感受性；如果幼儿看书的地方光线变暗，暗适应使他能继续看得见，但这时教师仍要及时把幼儿领到明处，或是开灯，以保护幼儿的视力。

（二）对比

同一分析器的各种感觉可以彼此相互作用而使感受性发生变化，这种现象叫感觉的对比。分先后（相继）对比和同时对比两种。

幼儿园教师掌握了对比规律，对于制作和使用直观教具，提高幼儿的感受性具有重要的意义。如：用颜色对比，可以使教室的美术装饰互相衬托。

（三）个体经验对感受性的影响

提高感知的效果，不仅有赖于当前的刺激，同时，也有赖于个体已有的知识和经验。

（四）提高幼儿的感受性

教育和训练可以提高感受性。

二、知觉特性与幼儿活动

（一）知觉的选择性与幼儿的活动

在日常生活中，同一时间内作用于人的感觉器官的客观事物是多种多样的，而人总是有选择地以个别或少数事物作为知觉的对象，把它们从背景中区分出来，对它们的知觉格外清晰。这就是知觉的选择性。

（二）知觉的整体性与幼儿的活动

知觉对象由许多具有不同特征的部分组成，但人并不认为它是许多个别孤立的部分，而总是把它看成一个统一的整体，这就是知觉的整体性。

(三) 知觉的理解性与幼儿的活动

在知觉过程中，人总是根据以往的知识、经验来理解当前的知觉对象，并用词把他标志出来。这就是知觉的理解性。

(四) 知觉的恒常性与幼儿的活动

知觉的恒常性中最主要的是视觉的恒常性。视觉恒常性包括亮度、大小和形状的恒常性。大小恒常性是指对远处的一个客体，尽管他明显地变小，但在知觉中仍然保持原有的大小。形状恒常性是指对一个客体的常见形状的知觉，不管这个客体因远近不同而引起的透视上的差异。

(五) 知觉对象和背景的关系与幼儿的活动

人在感知事物时，并非是面前所有的刺激都能同时被清楚地反映，人总是清晰地感知一些刺激，这些刺激便成为知觉对象，其余的成为背景。

1. 对象与背景的区别

在一般情况下，对象与背景的差别越大，对象就越容易被区分出来。

2. 对象的活动性

在固定不变的背景上，活动的刺激物容易被感知。

3. 刺激物本身各部分的组合

刺激物本身的结构常常是分出对象的重要条件。凡是距离上接近或形态上相同或相似的各部分容易组成直觉对象。

4. 教师的言语与直观材料的相结合

在感知事物的过程中，教师作语言指导，使语言和直观结合起来，这对幼儿感知和理解知觉对象有很大作用。

三、在活动中，发展幼儿的观察力

(一) 培养幼儿的观察力

观察是一种有目的、有计划、比较持久的知觉过程，是知觉的高级形态，是人类对客观现实认识的主动形式。

1. 帮助幼儿明确观察的目的和任务

首先使幼儿明确从被观察的对象中寻找什么，使观察具有明确的选择性和针对性，同时，教师要发挥好语言的指导作用，在观察前，提出启发引导性问题，观察中进行提示，有针对性地讲解，以更好地帮助幼儿明确目的，提高观察的稳定性。

2. 提供丰富的观察材料，引导幼儿观察概括

在观察过程中，要为幼儿提供丰富的观察材料，让幼儿在实际活动中学习概括。教师为幼儿提供的多种感知材料，要注意每次出示的物体，其本质属性不变，但要经常变化其非本质属性，以利于幼儿在观察中学习概括事物的本质属性。

3. 启发幼儿用多种感官方式参与观察

在进行观察活动时，要启发幼儿用多种感觉器官参与观察。

4. 教给幼儿有顺序的观察方法

在观察活动中，教师要按照事物本身的体系，提问或提示，引导幼儿有顺序地观察，帮

助幼儿学会自上而下、从左到右、从前往后、从外到里、从近到远的观察方法。

（二）保护幼儿的感官

教师在日常活动中，要重视幼儿感官卫生教育，做到：

1. 经常提醒幼儿注意用眼、用耳的卫生

要求幼儿不用脏手或脏手帕揉擦眼睛，不在光线太强或太暗的地方看书、画画，不在车、船上看书，不在走路时看书，不随意挖耳朵等。

2. 对有感官缺陷的幼儿给以必要的帮助。

对有感官缺陷的幼儿，要及时和家长联系，帮助其及时治疗，同时在幼儿园活动和生活中，给以必要的帮助。如让弱视、近视、重听等幼儿尽量朝前坐等。

【例题解析】

1. [单项选择题]在同一时间作用于人的感官的众多客观事物中，人总是有选择地以个别或少数事物作为知觉的对象，把它们从背景中区分出来，对它们的知觉格外清晰，这就是(　　)。

A. 知觉的整体性　　B. 知觉的理解性　　C. 知觉的选择性　　D. 知觉的恒常性

【解析】C。本题考查的是对知觉选择性的理解。在日常生活中，同一时间内作用于人的感觉器官的客观事物是多种多样的，而人总是有选择地以个别或少数事物作为知觉的对象，把它们从背景中区分出来，对它们的知觉格外清晰，这就是知觉的选择性。

2. [单项选择题]某幼儿开始能够辨别“前天”“大后天”等；并学会了看钟表，该幼儿处于(　　)。

A. 幼儿晚期　　B. 幼儿中期　　C. 幼儿初期　　D. 幼儿前期

【解析】A。本题考查时间知觉。幼儿晚期，在正确理解“昨天”“明天”等的基础上，又开始能辨“前天”“大后天”等；并能学会看钟表等。但对更大或更小的时间单位，如几个月、几分钟等的辨别，仍感困难。

3. [多项选择题]知觉的特性包括(　　)。

A. 知觉的整体性　　B. 知觉的选择性　　C. 知觉的理解性　　D. 知觉的稳定性

E. 知觉的恒常性

【解析】ABCE。本题考查的是知觉的特性。知觉的特性包括：知觉的整体性、知觉的选择性、知觉的理解性、知觉的恒常性。

4. [判断题]3~5 岁幼儿不仅能认识各种颜色，而且在画图时能运用各种颜色调出所需要的颜色。

【解析】错误。本题考查颜色视觉。4~5 岁幼儿大多数能认识基本色、近似色，并能说出基本色的名称。5~6 岁幼儿，不仅能认识颜色，而且在画图时，能运用各种颜色调出需要的颜色，并能正确说出黑、白、红、蓝、绿、黄、棕、灰、粉红、紫等颜色的名称。所以这道题是错误的。

5. [简答题]幼儿方位知觉的发展趋势是怎样的？

【解析】幼儿方位知觉的发展趋势是：3 岁辨别上下，4 岁开始辨别前后方位，5 岁开始能以自身为中心辨别左右方位，6 岁幼儿虽然能完全正确地辨别上下前后四个方位，但以左右方位的相对性来辨别左右仍感困难。

【达标测试】

一、单项选择题

1. 3岁幼儿的方位知觉发展的程度是(   )。

A. 能辨认左右　　B. 能辨别上下和前后
C. 能辨别上下　　D. 能辨别上下和前后，并以自身为中心辨别左右

2. 无论是清晨、中午还是傍晚，我们都会把中国的国旗看作是鲜红色的，这是知觉的(   )。

A. 选择性　　B. 整体性　　C. 理解性　　D. 恒常性

3. 幼儿认为“早上，就是起床、上幼儿园的时候”，“下午则是妈妈来接的时候”，这表明儿童的时间知觉是(   )。

A. 依靠生理上的变化　　B. 依据他们具体的生活活动
C. 根据日夜和季节的变化　　D. 依靠成人教授

4. (   )开始能够正确地辨别以自身为中心的左右方位。

A. 3~5岁儿童　　B. 5岁儿童　　C. 3岁儿童　　D. 2~5岁儿童

5. 在方位知觉的发展中，儿童在(   )能够正确辨别前后。

A. 3岁　　B. 4岁　　C. 5岁　　D. 6岁

6. 人们吃过糖以后再吃橘子，会感到橘子很酸，这种现象属于(   )。

A. 感觉适应　　B. 相继对比　　C. 同时对比　　D. 感觉相互作用

7. (   )幼儿在画图时，能运用各种颜色调出需要的颜色，并能正确地说出黑、白、红、蓝、绿、黄、棕、灰、粉红、紫等颜色的名称。

A. 幼儿前期　　B. 幼儿初期　　C. 幼儿中期　　D. 幼儿晚期

8. (   )是对物体的空间关系和自己的身体在空间所处位置的知觉，包括辨别上、下、前、后、左、东、西、南、北、的知觉。

A. 空间知觉　　B. 方位知觉　　C. 时间知觉　　D. 距离知觉

9. 知觉对象由许多具有不同特征的部分组成，但人们并不认为它是许多个别孤立的部分，而总是把它看作一个整体，这是知觉的(   )。

A. 选择性　　B. 整体性　　C. 理解性　　D. 恒常性

10. “花瓶人头双关图中的花瓶、人头都易被感知”，这体现的是把对象从背景中分出来。它受(   )的影响。

A. 对象的活动性　　B. 对象与背景的差别
C. 刺激物本身各部分的组合　　D. 教师的言语与直观材料的相结合

11. 在空间知觉中，对物体属性的知觉不包括(   )。

A. 方位知觉　　B. 形状知觉　　C. 距离知觉　　D. 颜色知觉

12. 人生最早出现的认识过程是(   )。

A. 感觉和知觉　　B. 感觉和记忆　　C. 知觉和记忆　　D. 记忆和想象

13. “入芝兰之室，久而不闻其香”是感觉的(　　)。

A. 适应　B. 对比　C. 背景　D. 选择

14. 看到一个物体，我们知道它是苹果，这属于(　　)。

A. 感觉　B. 知觉　C. 思维　D. 想象

15. 在指导幼儿观察绘画时，下面哪句指导语易把幼儿的观察引向观察个别事物？(　　)

A. 图上的小松鼠在做什么呢？　B. 图上有些什么呢？

C. 这张图告诉我们一件什么事呢？　D. 图上讲的是个什么故事？

16. 对客观现象的延续性、顺序性和速度的反应的知觉叫(　　)。

A. 空间知觉　B. 深度知觉　C. 方位知觉　D. 时间知觉

17. (　　)是认识活动的开端。

A. 感知觉　B. 注意　C. 思维　D. 想象

18. 下面关于幼儿方位发展的先后次序，排列正确的是(　　)。

A. 前与后→上与下→左与右　B. 上与下→前与后→左与右

C. 上与下→左与右→前与后　D. 前与后→左与右→上与下

19. 从高楼顶上看街道上的行人，尽管看上去很小，但人们不会把他们看作是小孩。这种现象体现的是知觉特性的(　　)。

A. 大小恒常性　B. 形状恒常性

C. 方向恒常性　D. 明度恒常性

20. 3 岁儿童已经能正确辨别上下方位，4 岁能正确辨别前后方位，5 岁儿童部分开始能以(　　)为中心辨别左右。

A. 父母　B. 同伴　C. 自我　D. 他人

21. 万绿丛中一点红，鹤立鸡群等情境中的“一点红”和“鹤”之所以能引起幼儿的兴趣，这是(　　)。

A. 感觉适应　B. 感觉对比　C. 感觉经验　D. 感受性

二、多项选择题(多选、漏选、错选均不得分)

1. 空间知觉包括(　　)。

A. 时间知觉　B. 形状知觉　C. 方位知觉　D. 距离知觉

2. 下列说法正确的是(　　)。

A. “重听”对幼儿言语听觉、言语能力和智力的发展都有危害

B. 3~4 岁幼儿能初步辨认红、橙、黄、绿、蓝等基本色

C. 4~5 岁幼儿大多数能认识基本色、近似色，能说出基本色的名称

D. 5~6 岁幼儿会看钟表，但难以辨别“几个月”等更大的时间单位

3. 知觉对象与背景的区分受以下因素的影响(　　)。

A. 对象与背景的差别　B. 对象的活动性

C. 个体的知觉偏好　D. 刺激物本身各部分的组合

三、判断题

1. 小班幼儿已经能分辨清楚昨天、今天、明天等时间概念了。 (　　)
2. 知觉是感觉的基础，没有知觉就没有感觉。 (　　)
3. 4 岁至 4 岁半是辨认几何图形正确率增长最快的时期。 (　　)
4. 孤立的感觉是很少的，人们往往把感觉和知觉合称为感知觉。(　　)
5. 幼儿叫出图形名称比辨认图形要早。 (　　)
6. 幼儿对事物的认识主要依赖于感知觉，且会影响他的记忆、思维等。 (　　)
7. 年龄越小，视力越好。 (　　)
8. 幼儿画出的物体远近大小不分，不能正确判断图画中人物的远近位置，是因为他们还不能正确认识比较广阔的空间距离。 (　　)
9. 感觉是指人脑对直接作用于感觉器官的客观事物的整体反映。 (　　)
10. 6 岁幼儿能辨别上下前后左右方位。 (　　)

四、简答题

1. 幼儿教师如何保护和发展幼儿的视觉和听觉？

2. 如何利用适应、对比规律组织幼儿活动？

五、论述题

在活动中，如何培养幼儿的观察力？

六、案例分析题

六一节快到了，教师正在给中班幼儿排节目，可是有的孩子分不清左右，老师就不断地责怪孩子：“你怎么这么笨，连左右都分不清。”

（1）你怎么看待幼儿的表现和老师的态度？

（2）你认为教师应该怎么做？

【参考答案】

一、单项选择题

1. C　2. D　3. B　4. B　5. B　6. B　7. D　8. B　9. B　10. B　11. D　12. A　13. A　14. B　15. A　16. D　17. A　18. B　19. A　20. C　21. B

二、多项选择题

1. BCD　2. ABCD　3. ABD

三、判断题

1. ×　2. ×　3. √　4. √　5. ×　6. √　7. ×　8. √　9. ×　10. ×

四、简答题

1. 幼儿方位知觉的发展趋势是：3岁辨别上下，4岁开始辨别前后方位，5岁开始能以自身为中心辨别左右方位，6岁幼儿虽然能完全正确地辨别上下前后四个方位，但以左右方位的相对性来辨别左右仍感困难。

2. 幼儿教师在日常活动中，要重视幼儿感官的卫生教育，做到：

① 经常提醒幼儿注意用眼、用耳卫生。要求幼儿不要用脏手或脏手帕揉擦眼睛，不在光线太强或太暗的地方看书、画画，不在车、船上看书，不在走路时看书，不随意挖耳朵等，以防止这些器官病变。

② 对有感官缺陷的幼儿给以必要的帮助。对有感官缺陷的幼儿要及时和家长联系，帮助其及时治疗，同时在幼儿园活动和生活中，给这些孩子以必要的帮助。如在集体活动中，让近视、弱视、重听等幼儿尽量靠前坐等。

3. (1)适应。感受性可因刺激的持续时间而降低或提高。

在组织教育活动中，教师要有效地利用幼儿的适应现象。如当孩子看书的地方光线变暗，教师就要及时地将幼儿领到明处，或是开灯，以保护幼儿的视力。

(2) 对比。同一分析器的各种感觉会因彼此相互作用而使感受性发生变化，这种现象叫感觉的对比。感觉对比分先后(相继)对比和同时对比两种。

幼儿教师掌握了对比规律，在制作和使用直观教具时，可通过颜色的对比，来提高幼儿的感受性。

五、论述题

在活动中，应该这样培养幼儿的观察力：

① 帮助幼儿明确观察的目的和任务。

要培养幼儿的观察力，首先要使幼儿明确观察的目的和任务，明确从被观察的对象中寻找什么，使观察具有明确的选择性和针对性。同时，教师要发挥语言指导作用，观察前，提出启发引导性问题，观察中进行提示，有针对性地进行讲解，以更好地帮助幼儿明确观察目的和任务。

② 提供丰富的观察材料，引导幼儿观察概括。

在观察过程中，要为幼儿提供丰富的观察材料，让幼儿在实际活动中学习概括。教师为幼儿提供的多种感知材料，要注意每次出示的物体，其本质属性不变，但要经常变化其非本质属性，以利于幼儿在观察中学习概括事物的本质属性。

③ 启发幼儿用多种感官方式参与观察。

在进行观察活动时，要启发幼儿用多种感觉器官参加活动，以便形成立体知觉和印象。

④ 教给幼儿有顺序的观察方法。

在观察活动中，教师要按照事物本身的体系，用提问或提示的方法，引导幼儿有顺序地观察，帮助幼儿学会自上而下，从左到右，从前往后，从外往里，从近到远的观察方法。

六、案例分析题

① 幼儿的表现符合其心理发展的特点：三岁能辨上下，四岁能辨前后，五岁能以自身为中心辨别左右，六岁以左右方位的相对性来辨别左右仍然感到困难。

老师的态度是不对的。

② 由于中班幼儿只能辨别以自身为中心的左右方位，幼儿园教师在做示范动作时，要用“照镜子式”的示范动作，即以幼儿的角度来做示范动作。

第五章　幼儿的记忆

【学习目标】

◆ 记忆的概念及作用；
◆ 幼儿记忆的特征及与幼儿活动的关系；
◆ 提高幼儿记忆效果的方法；
◆ 幼儿记忆发展中容易出现的问题及教育措施。

【知识要点】

- 记忆
  - 概念
  - 幼儿记忆发展的特点
    - 无意记忆为主，有意记忆正在发展
    - 形象记忆为主，词语逻辑记忆正在发展
    - 意义记忆效果优于机械记忆
  - 幼儿记忆发展中容易出现的问题
    - 偶发记忆
    - “说谎”问题

第一节　幼儿记忆发展的主要特征

一、记忆在幼儿心理发展中的作用

（一）记忆的概念

记忆是人脑对经验的反映。包括识记、保持、再认、回忆(再现)。

识记，是一个反复感知的过程。多次地看、听等就形成了联系，即刺激物和信号之间建立了联系。

保持，是通过识记，对头脑中建立的印象进行巩固，保存下来。

再认，是指过去感知过的事物，重新出现时，我们能感到熟悉，确定是我们认知过的。

回忆，是指过去感知过的事物并没有出现，但由于某种影响而呈现出来。

（二）记忆表象及其特征

1. 表象

表象是指在头脑中的客观事物的形象，即感知过的事物不在面前而在头脑中呈现出来的形象。表象分为记忆表象和想象表象，通常所说的表象是记忆表象的简称。

根据表象形成过程中起主导作用的感觉器官的种类，将表象分为视觉表象、听觉表象、味觉表象、嗅觉表象等。

2. 特征

(1) 直观性(形象性); (2)概括性。

(三) 记忆在幼儿生活、游戏、学习等活动中的作用

(1) 记忆在幼儿生活中的作用。

(2) 记忆在幼儿游戏中的作用。

(3) 记忆在幼儿活动中的作用。

二、幼儿记忆的发展特点

记忆主要是以再认和再现的方式表现出来的。

(一) 记忆的分类

(1) 根据记忆有无目的和是否运用一定方法，可把记忆分为有意记忆和无意记忆。

(2) 根据识记材料的内容，可将记忆分为形象记忆和词语逻辑记忆。

(3) 根据识记时对材料是否理解而将记忆分为机械记忆和意义记忆。

(二) 幼儿记忆的发展特点

1. 无意记忆为主，有意记忆正在发展

① 幼儿的记忆带有很大的无意性，表现在两个方面：一是记忆的目的不明；二是幼儿不会自觉地运用反复识记的办法来记住某件事情。

② 幼儿的有意记忆较差。

2. 形象记忆为主，词语逻辑记忆正在发展

形象记忆又可分为运动记忆、情绪记忆和狭义的形象记忆三类。

① 运动记忆是指对自己的动作或身体运动的记忆。儿童最早出现的记忆是运动记忆。

② 情绪记忆是对体验过的情绪或情感的记忆。整个幼儿期，幼儿记忆都带有强烈的情绪性。

③ 形象记忆(狭义)是根据具体的形象来识记各种材料的记忆。

词语逻辑记忆是以概念、判断、推理等为内容的记忆。这种记忆出现得比较晚，是随儿童言语的发生发展而逐渐形成的。

在幼儿的记忆中，形象记忆占主要地位，词语逻辑记忆正在发展，并且词语记忆发展速度大于形象记忆。但是，幼儿的形象记忆效果好于词语逻辑记忆。

3. 意义记忆效果优于机械记忆

机械记忆是在不了解材料的意义的情况下，只根据材料的表现形式，采用简单重复的方法进行的一种记忆，即所谓的“死记硬背”。

意义记忆是根据材料的意义和逻辑关系，运用有关经验进行的一种识记。

幼儿的记忆带有很大的直观形象性，因此，机械记忆表现突出。但在正确教育的影响下，幼儿的意义记忆开始发展起来。4 岁以后，幼儿不再以机械记忆为主了，意义记忆开始发展，且意义记忆效果好于机械记忆。

第二节　幼儿的记忆与幼儿的活动

一、活动的性质与幼儿的记忆

幼儿以无意记忆为主。要提高幼儿的记忆效果，主要依据下列因素：

(一) 活动材料的性质

直观、形象、具体、鲜明的事物，易引起幼儿的注意，也容易被幼儿在无意记忆中记住。

(二) 活动与幼儿主体的关系

对幼儿生活有重要意义的事物，符合幼儿兴趣的事物等，容易被幼儿记住。

(三) 记忆对象成为幼儿活动追求的对象

记忆材料如果成为幼儿活动中的主要对象，且幼儿始终不离开对该对象的认知，那么，记忆的效果就好。

(四) 活动中感官可参加的数量

多种感官参加的记忆效果较好。

二、幼儿的兴趣、积极性与记忆

(一) 活动动机

幼儿对活动感兴趣，记忆效果就好。

(二) 幼儿的兴趣

幼儿参加活动的兴趣不同，记忆的效果也不同。幼儿对活动的兴趣大，积极性就高，记忆效果就好。

三、记忆的保持、遗忘规律与幼儿活动的组织

(一) 记忆的保持、遗忘及遗忘规律

1. 保持和遗忘

保持是对识记过的事物的形象在头脑中得到巩固的过程。

遗忘是对识记过的材料不能再认和再现，或者是错误的再认和再现。

保持和遗忘是相反的过程，也是同一记忆活动的两个方面。

2. 遗忘规律

心理学研究表明，遗忘是有规律的。德国心理学家艾宾浩斯最早对遗忘现象做了比较系统的实验研究。研究表明，遗忘的进程是不均衡的，遗忘的规律是“先快后慢”。

(二) 幼儿识记材料的组织

1. 帮助幼儿进行及时、合理的复习

幼儿记忆保持的时间较短，记忆的正确性差，容易发生遗忘，因此，教师要帮助幼儿及时复习巩固，才能为幼儿掌握。复习时，同一内容要多次复习，复习的方式应灵活多变，避免单调。

2. 给幼儿的识记材料要形象

幼儿的记忆以无意的形象记忆为主。因此在教育活动中，教师应选择那些色彩鲜明、形象具体生动的内容，以此来吸引幼儿。此外，教师还要采用生动、活泼、幼儿喜爱的教学方式与方法来开展教育活动，从而提高记忆效果。

3. 帮助幼儿理解识记材料

幼儿意义记忆效果好于机械记忆。在教育活动中，教师要采用多种方法，尽量帮助幼儿理解所要识记的材料。同时，还要指导幼儿在记忆过程中进行积极的思维活动，逐渐学会从事物内部联系上去识记材料。

4. 让幼儿采用多种感官参与记忆过程

实验证明，在记忆活动中，有多种感官参与的记忆效果较好。教师应该多给幼儿创造机会，让幼儿的多种感官参与到记忆活动中去。

四、幼儿记忆发展中易出现的问题及教育措施

(一) 偶发记忆

偶发记忆是指当要求幼儿记住某样东西时，他往往记住的是和这件东西一道出现的其他东西的现象。

(二) “说谎”问题

幼儿的记忆存在着正确性差的特点，容易受暗示，容易将现实与想象相混淆，用自己虚构的内容来补充记忆中残缺的部分，把主观臆想的事情当做自己亲身经历过的事情来回忆。这是由于幼儿心理发展不成熟而造成的，随着年龄的增长，这种情况会有所改变。但人们会认为这是幼儿在“说谎”，这显然是不对的。因此，教师不能随便指责幼儿“不诚实”。

【例题解析】

1. [单项选择题]在不理解古诗含义的情况下，幼儿也能熟练地背诵古诗，这是(　　)。

A. 意义记忆　　B. 理解记忆　　C. 机械记忆　　D. 逻辑记忆

【解析】C。本题考查的是对机械记忆的理解。机械记忆是在不了解材料的意义的情况下，只根据材料的表现形式，采用简单重复的方法进行的一种记忆，即所谓的“死记硬背”。

2. [单项选择题]把记忆的材料保存在头脑中的环节是(　　)。

A. 再认　　B. 再现　　C. 保持　　D. 识记

【解析】C。本题考查记忆的过程。记忆是一种比较复杂的认识过程。它包括识记、保持、再认、回忆(再现)。其中识记，是一个反复感知的过程。多次地看、听等就形成了联系，即刺激物和信号之间建立了联系；保持，是通过识记，对头脑中建立的印象进行巩固，保存下来；再认，是指过去感知过的事物，重新出现时，我们能感到熟悉，确定是我们认知过的；回忆，是指过去感知过的事物并没有出现，但由于某种影响而呈现出来。

3. [多项选择题]记忆是人脑对过去经验的反映，记忆的过程包括(　　)。

A. 识记　　B. 保持　　C. 再认　　D. 再现

【解析】ABCD。本题考查记忆的四个过程。记忆是一种比较复杂的认识过程。它包括识记、保持、再认、回忆(再现)。

4. [判断题]根据所记材料的内容、意义及其逻辑关系的理解，运用有关经验进行的记忆称之为情绪记忆。(　　)

【解析】错误。本题考查对意义记忆的理解。意义记忆是根据材料的意义和逻辑关系，运用有关经验进行的一种识记；而情绪记忆是对体验过的情绪或情感的记忆，所以这个题是错误的。

5. [论述题]怎样培养幼儿的记忆力？

【解析】要提高幼儿的记忆力，需采取以下措施：

① 帮助幼儿进行及时、合理的复习

幼儿记忆保持的时间较短，记忆的正确性差，容易发生遗忘，因此，教师要帮助幼儿及时复习巩固，才能为幼儿掌握。复习时，同一内容要多次复习，复习的方式应灵活多变，避免单调。

② 给幼儿的识记材料要形象，方法要有趣

幼儿的记忆以无意的形象记忆为主。因此在教育活动中，教师应选择那些色彩鲜明、形象具体生动的内容，以此来吸引幼儿。此外，教师还要采用生动、活泼、幼儿喜爱的教学方式与方法来开展教育活动，从而提高记忆效果。

③ 帮助幼儿理解识记材料

幼儿意义记忆效果好于机械记忆。在教育活动中，教师要采用多种方法，尽量帮助幼儿理解所要识记的材料。同时，还要指导幼儿在记忆过程中进行积极的思维活动，逐渐学会从事物内部联系上去识记材料。

④ 让幼儿采用多种感官参与记忆过程

实验证明，在记忆活动中，有多种感官参与的记忆效果较好。教师应该多给幼儿创造机会，让幼儿的多种感官参与到记忆活动中去。

6. [案例分析题]幼儿园里，老师给幼儿出示贴绒小鸭，问幼儿有几只鸭子，有的幼儿却答成了鸭子是黄色的。

请用所学记忆的知识分析这一现象。

【解析】①在幼儿记忆的发展过程中，存在着一种被称为偶发记忆的现象。当要求幼儿记住某样东西时，他往往记住的是和这件东西一道出现的其他东西。

② 案例中幼儿没有回答有几只鸭子，而答成鸭子是黄色的，是因为幼儿对课题选择的注意力、目的性不明确，把没必要的偶发记忆课题也记住了，结果使中心记忆课题完成效果不佳。

【达标测试】

一、单项选择题

1. 看到“五星红旗”四个字，头脑中就会立刻浮现出五星红旗的形象，这属于(　　)。

A. 形象记忆　　B. 感觉记忆　　C. 情绪记忆　　D. 动作记忆

2. 研究发现，遗忘的发展是不均衡的，遗忘的进程是(　　)。

A. 先快后慢　　B. 先慢后快　　C. 不会遗忘　　D. 起伏不定

3. 下面符合幼儿记忆发展特点的是(　　)。

A. 以有意记忆为主　　B. 以词语逻辑记忆为主

C. 以无意记忆为主　　D. 以意义记忆为主

4. 在欢度"六一儿童节"时，小朋友们一听到《春天在哪里》这首乐曲时，就知道自己曾经唱过。这种记忆现象在心理学上叫做(　　)。

A. 再认　　B. 识记　　C. 回忆　　D. 保持

5. 根据材料的意义和逻辑关系，运用有关经验进行的一种识记是(　　)。

A. 有意记忆　　B. 无意记忆　　C. 机械记忆　　D. 意义记忆

6. 儿童最早出现的记忆是(　　)。

A. 有意记忆　　B. 无意记忆　　C. 机械记忆　　D. 运动记忆

7. 儿童喜爱什么、依恋什么、害怕什么都是(　　)的结果。

A. 形象记忆　　B. 情绪记忆　　C. 机械记忆　　D. 运动记忆

8. 婴儿的"认生"现象，是(　　)的结果。

A. 形象记忆　　B. 情绪记忆　　C. 词语逻辑记忆　　D. 运动记忆

9. 我们对公式、定理等的记忆，就是(　　)。

A. 形象记忆　　B. 词语逻辑记忆　　C. 情绪记忆　　D. 运动记忆

10. 没有自觉的记忆目的或任务，也不需要意志努力的记忆是(　　)。

A. 有意记忆　　B. 无意记忆　　C. 机械记忆　　D. 意义记忆

二、多项选择题(多选、漏选、错选均不得分)

1. 再认和再现是识记与保持的(　　)。

A. 前提　　B. 基础　　C. 结果　　D. 证明

2. 下列有关幼儿记忆的说法正确的是(　　)。

A. 形象记忆占主要地位　　B. 词语记忆发展速度大于形象记忆

C. 形象记忆效果好于词语逻辑记忆　　D. 意义记忆效果好于机械记忆

三、判断题

1. 形象与词的结合，有利于提高记忆效果。(　　)

2. 幼儿记忆熟悉的事物和熟悉的词比记忆生疏的事物和词的效果好。(　　)

3. 幼儿机械识记的效果比意义识记效果好。(　　)

4. 遗忘的进程总体上的特点是先慢后快。(　　)

5. 幼儿在游戏中的有意记忆效果比在实验室条件下的有意记忆效果好。(　　)

四、简答题

1. 什么是记忆？记忆的过程包括哪几个方面？

2. 幼儿记忆的发展有什么特点？

五、论述题

幼儿记忆发展中容易出现什么问题？对此，幼儿教师应采取什么措施？

六、案例分析

我们经常发现这样一种现象：幼儿教师花大力气教幼儿记住某首儿歌，有时候孩子们不能完全记牢，但他们偶尔听到的某个童谣，看到的某个电视广告、画面，只需一两次他们就能将其熟记心中。

请你结合幼儿记忆发展的特点分析这一现象，并说说影响幼儿无意记忆的因素有哪些。

【参考答案】

一、单项选择题

1. A　2. A　3. C　4. A　5. D　6. D　7. B　8. A　9. B　10. B

二、多项选择题

1. CD　2. ABCD

三、判断题

1. √　2. √　3. ×　4. ×　5. √

四、简答题

1. 记忆是人脑对经验的反映。记忆的过程包括识记、保持、再认、回忆(再现)。

2. 幼儿记忆的特点如下：①无意记忆为主，有意记忆正在发展；②形象记忆为主，词语逻辑记忆正在发展；③意义记忆效果优于机械记忆。

五、论述题

(1) 幼儿记忆中容易出现的问题有：

① 偶发记忆。偶发记忆是指当要求幼儿记住某样东西时，他往往记住的是和这件东西一道出现的其他东西的现象。

② "说谎"问题。幼儿的记忆存在着正确性差的特点，容易受暗示，容易将现实与想象相混淆，用自己虚构的内容来补充记忆中残缺的部分，把主观臆想的事情当做自己亲身经历过的事情来回忆。

(2) 教师可采取的措施：

① 幼儿教师要重视偶发记忆这种幼儿特有的记忆现象，引导幼儿朝有意记忆方向努力发展。

② 幼儿的"说谎"问题是由于幼儿心理发展不成熟而造成的，随着年龄的增长，这种情况会有所改变。因此，教师不能随便指责幼儿"不诚实"，而是要耐心地帮助孩子把事实弄清楚，把现实的东西和想象的东西区分开来。

六、案例分析题

① 这一现象充分说明了幼儿无意记忆和有意记忆发展的特点。幼儿的记忆以无意的形象记忆为主，幼儿对广告词、电视画面、童谣的记忆是一种无意记忆，电视画面具体、生动、形象，给予幼儿视觉、听觉等多种感官刺激；童谣、广告词语言简明，很容易成为儿童无意记忆的对象，记忆效果较好。而教师要求幼儿记忆的儿歌属于有意记忆，也属于词语逻辑记忆，所以幼儿不能完全记牢老师要求记住的儿歌，却能将电视广告词、画面和童谣熟记于心。

② 影响幼儿无意记忆的因素有：活动材料的性质；活动与幼儿主体的关系；记忆对象成为幼儿活动追求的对象；活动中感官参加的数量。

第六章　幼儿的想象

【学习目标】

◆ 想象的概念及作用；
◆ 幼儿期想象的特征及与幼儿活动的关系；
◆ 在活动中发展幼儿的想象。

【知识要点】

- 想象
  - 概念
  - 幼儿想象发展的特点
    - 无意想象为主，有意想象开始发展
    - 再造想象为主，创造想象开始发展
    - 想象有时和现实相混淆
  - 幼儿想象发展中容易出现的问题及教育措施
  - 在活动中发展幼儿的想象

第一节　幼儿想象发展的主要特征

一、想象在幼儿心理发展中的作用

（一）想象的概念

想象是人脑在一定刺激的影响下对已有表象进行加工改造而形成新形象的心理过程。

（二）想象在幼儿心理发展中的作用

1. 想象在幼儿的学习、游戏等实践活动中的重要意义

（1）想象在幼儿的学习中的作用

想象在幼儿学习活动中帮助幼儿掌握抽象的概念，理解较为复杂的知识，创造性地完成学习任务。

（2）想象在幼儿游戏中的作用

幼儿的主要活动是游戏。在游戏中，想象起着极为重要的作用。在角色游戏中，角色的扮演、游戏材料的使用，游戏的整个过程等都要依靠幼儿的想象过程。幼儿的建构游戏也离不开想象，因此，想象在幼儿游戏活动中起关键作用，发展幼儿的想象力，可以促进幼儿游戏水平的提高。

2. 想象的发展是幼儿创造思维发展的核心

创造思维一般可以分为三个方面：直觉、灵感和想象。对于幼儿来说，创造思维的核心

就是想象。

二、幼儿想象的主要特征

想象的分类：

- 想象
  - 按想象的目的性和自觉性
    - 无意想象
    - 有意想象
  - 按想象内容的新颖性、独立性和创造性
    - 再造想象
      - 经验性想象
      - 情境性想象
      - 愿望性想象
      - 拟人化想象
      - 夸张性想象
    - 创造想象

幼儿想象的特点：

（一）无意想象为主，有意想象开始发展

（1）按照想象的目的性和自觉性分，想象可分为无意想象和有意想象。

无意想象是指没有预定的目的和意图，在一定的刺激影响下，不由自主地进行的想象。无意想象是最简单、最初级形式的想象。

梦是无意想象的极端形式，是完全无目的的被动的想象。

有意想象是指根据一定的目的，自觉地创造出新形象的过程。

（2）幼儿无意想象的具体表现：①想象的目的不明确；②想象的主题易受外界的干扰而变化；③想象过程受兴趣和情绪的影响。

（二）再造想象为主，创造想象开始发展

按想象内容的新颖性、独立性和创造性，想象可分为再造想象和创造想象。

（1）再造想象：再造想象是指根据对没有直接感知过的事物的语言文字的描述或图样、图纸、符号的示意，而在头脑中形成有关这一客体新形象的过程。

（2）创造想象：创造想象是指根据一定的目的和任务，不依赖现存的描述而独立创造出新形象的过程。

整个幼儿期，幼儿是以再造想象为主的。表现为，想象在很大程度上具有复制性和模仿性。

再造想象从内容上分为五类：①经验性想象；②情境性想象；③愿望性想象；④拟人化想象；⑤夸张性想象。

（三）想象有时和现实混淆

表现在三个方面：

（1）把渴望得到的东西说成已经得到。

（2）把希望发生的事情当成已经发生的事情来描述。

（3）在参加游戏或欣赏文艺作品时，往往身临其境，与角色产生同样的情绪反应。

三、幼儿创造性的表现

（一）幼儿创造性及表现

创造性是与人的创造想象有着密切联系的，是一种行为表现。幼儿创造性是指幼儿根据一定的目的或意愿，在已有知识经验的基础上，经创造性的想象，用新颖、独特的方法产生具有个人价值结果的一种心理品质。

幼儿创造性具体表现在以下几个方面

（1）幼儿创造性突出表现在想象力上。

（2）幼儿创造性表现为具有好奇心。

（3）幼儿创造性就是善于组织自己的“材料”。

（4）幼儿创造性常常体现于游戏活动中。

（二）幼儿创造性学习的特征

（1）创造性学习强调学习的主动性，首先，幼儿是主动的学习者；其次，幼儿是学习活动的主人；最后，幼儿是探索者和追求者。

（2）创造性学习离不开学习动机。

（3）创造性学习追求有创意的学习目标。

（4）创造性主要体现在自我表现性上。

创造性有五种主要形式：

一是表现性创造，这是指自发性的自由活动，如绘画、讲述与游戏表演。

二是技术性创造，以熟练精巧为特色，如幼儿的动作和操作活动。

三是发明性创造，指发明新颖设计或新的组合，如小制作、小发明。

四是首创性创造，是一种革新、标新立异，提出新的思维方式。

五是杰出的创造，创造出艰深的原理或精深的思想。对于幼儿来说，创造性学习活动主要是表现性创造，特别是表现在创造性游戏中。

第二节 幼儿的想象与幼儿的活动

一、幼儿想象发展中易出现的问题及教育措施

（1）在幼儿想象发展中常常会把自己想象的事情当做真实的事情。

（2）有时，由于孩子想象的特点，加上孩子记忆的不精确，记忆概念掌握不好，以及表达能力有限，会出现类似“说谎”的情况。

教育措施：教师及家长在了解了孩子的这些特点以后，应在实际生活中耐心指导幼儿，帮助幼儿分清什么是假想的，什么是真实的，从而促进幼儿想象的发展。

二、在活动中发展幼儿的想象

（一）丰富幼儿的表象，发展幼儿的语言表现力

表象是想象的材料。表象的数量和质量直接影响着想象的水平。表象越丰富、准确，想象就越新颖、越深刻、越合理。因此，教师在各种活动中，要有计划地采用一些直观教具，

帮助幼儿积累丰富的表象。

(二) 在文学艺术等多种活动中，创造幼儿想象发展的条件

文学活动中的讲故事能发展幼儿的再造想象。语言教育活动中的创造性讲述，如续编故事，更能激发幼儿广泛的联想。

幼儿园多种艺术教育活动，也是培养幼儿想象发展的有利条件。如美术活动中的主题画。

(三) 在游戏中，鼓励和引导幼儿大胆想象

在游戏活动中，幼儿的想象异常活跃。游戏的内容越丰富，想象就越活跃。因此，老师要积极引导幼儿参与各种游戏。

(四) 在活动中进行适当的训练，提高幼儿的想象力

有目的、有计划的训练，是提高幼儿想象力的重要措施。除通过讲故事、绘画等活动培养幼儿的想象力外，还可以采用其他一些形式，如让幼儿添画活动等。

【例题解析】

1. [单项选择题] 幼儿常常喜欢夸大事物的某些特征和情节，如画的大象的头特别大，鼻子特别长。这是幼儿(　　)影响的结果。

A. 愿望性想象　　B. 拟人化想象　　C. 情境性想象　　D. 夸张性想象

【解析】D。本题考查再造想象的夸张性想象。幼儿常常喜欢夸大事物的某些特征和情节，这是幼儿的夸张性想象。

2. [判断题] 根据一定的目的和任务，自觉地创造出新形象的过程是创造想象。(　　)

【解析】正确。本题考查对创造想象的概念的理解。创造想象是指根据一定的目的和任务，不依赖现存的描述而独立创造出新形象的过程。

3. [案例分析题] 幼儿在想象中常常喜欢夸大事物的某些特征和情节，例如，画一个小孩放风筝，往往把小孩的手画得很长，甚至超出身体的长度。幼儿说话也喜欢夸张，例如："我家花开得可大了，像桌子一样大。"

这是幼儿的什么想象？

【解析】这是幼儿的夸张性想象。幼儿常常喜欢夸大事物的某些特征和情节，这是幼儿的夸张性想象。

【达标测试】

一、单项选择题

1. 没有预定的目的和意图，而是在一定的刺激影响下不由自主地进行的想象是(　　)。

A. 再造想象　　B. 创造想象　　C. 有意想象　　D. 无意想象

2. 想象是人脑在一定刺激的影响下对已有(　　)进行加工改造而形成新形象的心理过程。

A. 经验　　B. 知识　　C. 表象　　D. 客观事物

3. 人脑在一定刺激的影响下对已有表象进行加工改造而形成新形象的心理过程叫(　　)。

A. 思维　　B. 想象　　C. 记忆　　D. 感知觉

4. 一个小女孩看到“夏景”时说:“小姐姐坐在河边,天热,她想洗澡,她还想洗脸,因为脸上淌汗”。这个小女孩的想象是(　　)。

A. 经验性想象　　B. 情境性想象　　C. 愿望性想象　　D. 拟人化想象

5. 大班幼儿李莉说:“妈妈,我长大了也想和你一样,做一个老师。”这是一种(　　)。

A. 经验性想象　　B. 情境性想象　　C. 愿望性想象　　D. 拟人化想象

6. 小朋友听老师讲故事,头脑中会出现故事中的人物形象,这属于(　　)。

A. 再造想象　　B. 创造想象　　C. 情境性想象　　D. 拟人化想象

7. 幼儿的游戏情节往往是复制成人的生活,这反映出他们的想象以(　　)的特点。

A. 创造想象为主　　B. 无意想象为主　　C. 再造想象为主　　D. 有意想象为主

8. 学生只根据教师对“天苍苍,野茫茫,风吹草低见牛羊”诗句的描述,就可以在头脑中浮现出草原的景象,这种心理现象是(　　)。

A. 记忆　　B. 思维　　C. 注意　　D. 想象

9. 有个孩子很喜欢长颈鹿,有一天他对小朋友说:“我家有一头真的长颈鹿。”这说明(　　)。

A. 幼儿想象的独特性　　B. 幼儿想象的夸张性

C. 幼儿想象的情绪性　　D. 幼儿想象受外界刺激的影响

10. 梦是(　　)想象的极端形式。

A. 有意　　B. 无意　　C. 再造　　D. 创造

二、多项选择题(多选、漏选、错选均不得分)

1. 幼儿想象的无意性表现在(　　)。

A. 想象的目的不明确　　B. 想象的主题易受外界干扰而变化

C. 创造想象开始发展　　D. 想象过程受兴趣和情绪的影响

2. 幼儿的再造想象在很大程度上具有(　　)。

A. 复制性　　B. 创造性　　C. 模仿性　　D. 独立性

3. 幼儿想象发展的特点是(　　)。

A. 无意想象为主,有意想象开始发展　　B. 想象具有极大夸张性

C. 再造想象为主,创造想象开始发展　　D. 想象有时和现实混淆

三、判断题

1. 根据一定的目的和任务,不依赖现存的描述而独立创造出新形象的过程是创造想象。(　　)

2. 年龄越小的幼儿想象力越丰富。(　　)

3. 在幼儿想象发展中,常常会把自己想象的事情当作真实的事情。(　　)

4. 无意想象是指幼儿无意识进行的没有任何意义的想象。(　　)

5. 读着鲁迅先生的《孔乙己》，我们的头脑中会浮现出孔乙己的形象来。这属于再造想象。（ ）

6. 幼儿的想象在很大程度上具有复制性和模仿性。（ ）

7. 幼儿时期是想象发展最快的时期，比成人更善于想象。（ ）

8. 幼儿想象的有意性、协调性、丰富性和创造性都不会超过成人。（ ）

9. 幼儿看着天空中的白云，会自然地把它们想象成小白兔、羊群、波浪等。这种想象是无意想象。（ ）

10. 所谓"设身处地"为别人想就是再造想象。（ ）

四、简答题

1. 幼儿想象的发展有什么特点？

2. 再造想象从内容上可以分为哪几类？

3. 幼儿的创造性具体表现在哪些方面？

五、论述题

如何培养幼儿的想象力？

六、案例分析

上中班的笑笑回家对妈妈说：“幼儿园的围墙倒了……压了许多小朋友，送医院去了。”第二天，孩子的妈妈关切地问起这件事，老师说墙没有倒啊！妈妈生气地说：“这孩子怎么撒谎啊。”这是怎么回事呢？

请用有关知识解释孩子“撒谎”这件事。

【参考答案】

一、单项选择题

1. D　2. C　3. B　4. B　5. C　6. A　7. C　8. D　9. B　10. B

二、多项选择题

1. ABD　2. AC　3. ACD

三、判断题

1. √　2. ×　3. √　4. ×　5. √　6. √　7. ×　8. √　9. √　10. √

四、简答题

1. 幼儿想象发展的特点有：①无意想象为主，有意想象开始发展；②再造想象为主，创造想象开始发展；③想象有时和现实混淆。

2. 再造想象从内容上可以分为：①经验性想象；②情境性想象；③愿望性想象；④拟人化想象；⑤夸张性想象。

3. 幼儿的创造性具体表现在：①幼儿创造性突出表现在想象力上；②幼儿创造性表现为具有好奇心；③幼儿创造性就是善于组织自己的“材料”；④幼儿创造性常常体现于游戏活动中。

五、论述题

要培养幼儿的想象力，应该做到：

① 丰富幼儿的表象，发展幼儿的语言表现力

表象是想象的材料。表象的数量和质量直接影响着想象的水平。表象越丰富、准确，想象就越新颖、越深刻、越合理。因此，教师在各种活动中，要有计划地采用一些直观教具，

帮助幼儿积累丰富的表象。

② 在文学艺术等多种活动中，创造幼儿想象发展的条件

文学活动中的讲故事能发展幼儿的再造想象；幼儿园多种艺术教育活动，也是培养幼儿想象发展的有利条件，这些都是发展幼儿想象力的有效途径。教师可以多提供给幼儿续编故事、画主题画、舞蹈表演等活动。

③ 在游戏中，鼓励和引导幼儿大胆想象

游戏是幼儿的主要活动。游戏活动中，幼儿的想象异常活跃。因此，教师要引导幼儿参与各种游戏。给幼儿多提供玩具和游戏材料，鼓励幼儿大胆想象。

④ 在活动中进行适当的训练，提高幼儿的想象力

有目的、有计划的训练，是提高幼儿想象力的重要措施。如讲故事、绘画、听音乐等，经常进行这样的活动，可以使幼儿的想象内容广泛又新颖。

六、案例分析题

① 幼儿的想象有一个特点，那就是想象有时和现实混淆。幼儿会把自己想象的事情当做真实的事情。这种混淆想象和现实的情况，常被成人误认为是孩子在说谎，事实上是幼儿的想象特点。

② 案例中的笑笑之所以会给妈妈说那样的话，就是因为他混淆了现实与想象，把想象中的事当成了真实的事。

第七章　幼儿的思维

【学习目标】

- ◆ 思维的概念和作用；
- ◆ 幼儿思维发展的一般趋势；
- ◆ 幼儿思维的特征及与幼儿活动的关系。

【知识要点】

- 思维
  - 概念及特点
  - 儿童思维发展的阶段性
    - 直观行动思维
    - 具体形象思维
    - 抽象逻辑思维
  - 幼儿思维发展的特点
  - 幼儿的思维与幼儿的活动
    - 幼儿概括能力的发展特征与幼儿的活动
    - 问题情境与幼儿思维的发展
    - 幼儿的提问与幼儿的思维
    - 幼儿的具体形象思维与幼儿的活动
  - 在活动中发展幼儿的思维

第一节　幼儿思维发展的主要特征

一、思维与幼儿的心理发展

（一）思维的概念与思维的基本特点

1. 思维的基本概念

思维是人脑对客观现实的间接的和概括的反映，是人认识的高级阶段。

（1）思维与感知觉

感知觉反映的是事物的外部特征和事物之间的外部联系，思维则是对事物本质特征及内在规律的间接、概括的反映。

（2）思维与语言

语言中的词都是对事物一般属性和联系的概括。词是思维活动必不可少的材料。

2. 思维的特点

思维具有两个基本特点：间接性和概括性。

(1) 思维是对事物间接的反映。

(2) 思维是对事物概括的反映。

(二) 思维在幼儿心理活动和心理发展中的作用

1. 思维是幼儿生活活动的基础

幼儿在生活中同其他人交往，解决生活中遇到的各种问题，都离不开思维活动。

2. 幼儿的思维发展标志着幼儿认识水平的提高

幼儿思维的发展使幼儿对事物的认识不是停留在认识事物的表面特征，而是能进一步认识事物的本质。

3. 思维的产生和发展促进了幼儿情感、意志和社会性的发展

思维对幼儿的影响还渗透到幼儿的情感、社会交往和个性方面。思维水平的提高，可以使幼儿的情感深刻化；对他人需要的理解，使幼儿学会同情、关怀、谦让、互助，从而使社会性得到发展。

二、儿童思维发展的阶段性

(一) 直观行动思维

儿童最初的思维以直观行动思维为主。直观行动思维是指以直观的、行动的方式进行的思维。

直观行动思维的主要特征：

1. 思维依赖于一定的情境

2~3岁的孩子直观行动思维表现非常突出，3~4岁幼儿身上也常有表现。这种思维更多依赖一定的具体情境，依赖于对具体事物的感知和对动作的概括。处于这种思维水平的孩子离开了实物就不能解决问题，离开了玩具就不会游戏。

2. 直观行动思维离不开儿童自身的行动

处于这个思维阶段的孩子，其思维只能在动作中进行，常表现为先做后想，边做边想，动作一旦停止，他们的思维活动也就结束。这个阶段的思维特点之一，就是行动没有事先的计划和预定的目的，也不会预见行动的后果。

(二) 具体形象思维

3~6、7岁儿童的思维，以具体形象思维为主。

具体形象思维是指儿童依靠事物在头脑中的具体形象进行的思维，即依靠具体事物的表象以及对具体形象的联想而进行的思维。它是幼儿思维的典型方式。

(三) 抽象逻辑思维

6、7岁以后，儿童的思维开始进入逻辑思维阶段。抽象逻辑思维反映事物的本质特征，是指运用概念、根据事物的逻辑关系来进行的思维。它是靠语言进行的思维，是人类所特有的思维。

儿童思维发展的趋势是由直观行动思维发展到具体形象思维，最后发展到抽象逻辑思维。

三、幼儿思维发展的特点

（一）幼儿的思维以具体形象性为主，抽象逻辑性开始萌芽

幼儿期的每一个阶段，其思维特点是不同的。

1. 幼儿初期的思维仍具有一定的直观行动性

2. 具体形象思维是幼儿思维的主要特征

幼儿具体形象思维的特点：

（1）具体性　幼儿思维的内容是具体的。

（2）形象性　幼儿思维的形象性，表现在幼儿依靠事物的形象来思维。

（3）经验性　幼儿的思维常根据自己的生活经验来进行。

（4）拟人性　幼儿往往把一些动物或一些物体当人来对待。

（5）表面性　幼儿思维只是根据具体接触到的表面现象来进行，往往只是反映事物的表面联系，而不是事物的本质联系。

（6）固定性　幼儿思维的具体性使幼儿的思维缺乏灵活性。

3. 幼儿晚期抽象逻辑思维开始萌芽

（二）幼儿的概念、判断与推理的发展

概念、判断和推理是思维的基本形式。幼儿思维基本形式的发展特点也体现出幼儿思维的具体形象性。

1. 幼儿对概念的掌握

幼儿掌握的概念主要是日常的、具体的，有关熟悉的物体和动作。晚期还可以掌握一些较为抽象的概念。幼儿掌握空间概念和数概念都晚于实物概念，而且掌握起来比较困难。

2. 幼儿对事物判断、推理的特点

（1）幼儿思维的具体形象性常表现为在判断事物时从事物外在的或表面的特点出发。如：

◆ 幼儿对事物的判断、推理往往不合逻辑。

◆ 把直接观察到的事物之间的表面现象或事物之间偶然的外部联系，作为判断事物的依据。

◆ 以自身的生活经验作为判断、推理的依据。

（2）幼儿在对事物进行判断、推理时，常以自己的感受或经历过的事情为依据。

（三）幼儿理解事物的特点

幼儿理解事物的水平不高，不深刻，常受外部条件的限制

（1）幼儿对事物的理解常是孤立的，不能发现事物之间的内在关系。

（2）幼儿对事物的理解主要依靠事物的具体形象。

（3）幼儿对事物的理解往往是表面的，不能理解事物的内部含义。

第二节　幼儿的思维与幼儿的活动

一、幼儿概括能力的发展特征与幼儿的活动

幼儿思维概括能力的发展主要处于形象概括的水平。

幼儿主要是对事物的个别或外部的特征进行概括，对事物表面的具体形象的特征进行概括。

幼儿的概括有三方面的特点：

(1) 概括的内容比较贫乏。

(2) 概括的特征很多是外部的、非本质的。

(3) 概括不准确：

① 概括的内涵不精确，只反映事物的表面特征。

② 概括的外延不适当，往往过宽或过窄。

二、问题情境与幼儿思维的发展

问题情境是指那些在幼儿的生活或活动中能激发幼儿提出问题的情境。

教师组织的活动能否成为幼儿的问题情境，这与问题的选择有很大的关系。如果问题很容易，幼儿不假思索就能解答，那这个问题就不能成为问题情境。但如果问题太难，超出幼儿的理解范围，幼儿不明白问的是什么，就不能引起他们的思考，也就不能成为问题情境。因此，为了发展幼儿的思维，教师所组织的活动一定要符合幼儿的思维水平，符合幼儿思维的特点。

三、幼儿的提问与幼儿的思维

从3、4岁开始，幼儿经常会问"是什么""为什么"，好奇、爱问是幼儿思维活动的具体表现。当幼儿遇到不理解的问题时，他就会提出问题，这不仅仅说明幼儿想知道什么，更重要的是说明幼儿的思维在积极地活动。

提问是幼儿思维活动的积极表现。我们应该以积极的态度鼓励幼儿提问，培养幼儿思维的热情。

四、幼儿的具体形象思维与幼儿的活动

(一) 幼儿初期思维的直观行动性与幼儿的活动

幼儿初期的思维特点仍带有一定的直观行动性。组织活动时要充分地认识和理解这一特点，才能有效地开展活动。

(1) 要为幼儿提供大量可以直接感知的玩具与活动材料。

(2) 为幼儿提供活动与操作的条件与机会。

(3) 在活动的过程中为幼儿提供较多形象可爱的玩教具。

(4) 激发幼儿的好奇心和对事物的认识兴趣。

(二) 具体形象思维与幼儿活动

具体形象性是幼儿思维的主要特征，在组织活动时要以此为出发点，这是幼儿园开展各种活动的前提。

(1) 要通过各种活动丰富幼儿的表象。

(2) 幼儿园开展的活动要坚持直观性原则。

五、在活动中发展幼儿的思维

（一）通过观察，对具体事物进行分析综合

幼儿处于具体形象思维发展阶段，对事物的分析离不开事物的具体形象和具体特点。

在丰富的活动中培养幼儿的分析综合能力，是促进幼儿思维发展的有效途径。通过观察具体事物，让幼儿充分感知事物的各个方面，对事物的具体特征进行分析综合。

（二）通过操作，对具体事物进行比较、分类

比较是在分析综合的基础上进行的，比较是进行分类的前提。

幼儿通过对物体的操作，能够直接感知具体事物的特征，进行直接对比，找出物体之间的不同之处或相同之处。通过对物体相同之处的判断，幼儿能够逐渐对事物进行分类。

通过操作和对具体事物的比较，可以促进幼儿分类能力的发展。

【例题解析】

1. [单项选择题]幼儿爱提问，归根结底是因为他们(　　)。

A. 思维活跃　　B. 有好奇心　　C. 爱表现自己　　D. 觉得问着好玩

【解析】A。本题考查幼儿思维与幼儿提问之间的关系。好奇、爱问是幼儿思维活动的具体表现，幼儿爱提问正是幼儿思维活跃的积极表现。

2. [多项选择题]幼儿概括的特点是(　　)。

A. 概括的内容比较贫乏　　B. 概括的特征很多是外部的、非本质的

C. 概括不准确　　D. 概括的特征很多是事物的本质特征

【解析】ABC。本题考查幼儿概括的特点。幼儿的概括有三方面的特点：概括的内容比较贫乏；概括的特征很多是外部的、非本质的；概括不准确。

3. [判断题]具体形象思维是幼儿期思维发展最主要的特征。(　　)

【解析】正确。本题考查幼儿思维发展的特点。幼儿的思维以具体形象性为主，抽象逻辑性开始萌芽。幼儿期的每一个阶段，其思维特点是不同的。幼儿初期的思维仍具有一定的直观行动性；具体形象思维是幼儿思维的主要特征；幼儿晚期抽象逻辑思维开始萌芽。

4. [简答题]儿童思维发展的趋势是怎样的？

【解析】儿童思维发展的趋势是由直观行动思维发展到具体形象思维，最后发展到抽象逻辑思维。

5. [案例分析题]一个孩子在画画，先画了一条线，可是画着画着，他画成了苹果，最后又变成了汽车了。

试用你所学的关于幼儿思维发展的知识分析这一现象。

【解析】根据案例中孩子画画的特点可以看出，他的思维处于直观行动思维阶段。处于这个思维阶段的孩子，其思维只能在动作中进行，常表现为先做后想，边做边想。行动没有事先的计划和预定的目的，也不会预见行动的后果。所以，他画画时，先画成一条线，画着画着又画成了苹果，最后又变成了汽车。

【达标测试】

一、单项选择题

1. 依靠动作和感知来进行的思维是(　　)。
A. 直观行动思维　B. 具体形象思维　C. 抽象逻辑思维　D. 创造性思维
2. 幼儿的思维主要是(　　)。
A. 直观行动思维　B. 具体形象思维　C. 抽象逻辑思维　D. 集中思维
3. 儿童依靠事物在头脑中的具体形象进行的思维是(　　)。
A. 直观行动思维　B. 抽象逻辑思维　C. 具体形象思维　D. 创造性思维
4. 幼儿更容易掌握下列哪种概念。(　　)
A. 数概念　B. 空间概念　C. 时间概念　D. 实物概念
5. (　　)是高级的认识活动，是智力的核心。
A. 思维　B. 注意　C. 记忆　D. 想象
6. 幼儿掌握“小汽车”这个概念比“交通工具”要容易，是因为幼儿具体形象思维特点的(　　)。
A. 形象性　B. 经验性　C. 具体性　D. 表面性
7. 早晨起床，推开窗户，看到地面潮湿，便推想到“夜里下过雨了”。这反映了思维的(　　)。
A. 间接性　B. 概括性　C. 组织性　D. 发散性
8. 直观行动思维所用的工具主要是(　　)。
A. 感知和表象　B. 表象和动作　C. 表象和概念　D. 感知和动作
9. 幼儿可以把苹果、梨、香蕉、西瓜等称为“水果”，说明幼儿具有了(　　)。
A. 直观行动思维　B. 具体形象思维　C. 抽象逻辑思维　D. 概括性思维
10. 下列符合幼儿掌握概念的特点的是(　　)。
A. 先掌握空间概念，后掌握实物概念　B. 先掌握数概念，后掌握实物概念
C. 先掌握实物概念，后掌握数概念　D. 先掌握科学概念，后掌握数概念

二、多项选择题(多选、漏选、错选均不得分)

1. 以下关于思维的说法，正确的是(　　)。
A. 思维的表达与交流是借助言语活动来实现的
B. 思维是认识的高级阶段
C. 思维只能反映事物的外部特征和外部联系
D. 思维是在感知基础上产生的
2. 幼儿具体形象思维的特点主要表现在(　　)等方面。
A. 具体性　B. 经验性　C. 拟人性　D. 形象性
3. 下面体现儿童直观行动思维特点的是(　　)。
A. 离开玩具就不会游戏　B. 动作一旦停止，思维活动就结束

C. 靠语言进行思维　　D. 依靠具体事物的表象进行思维

4. 下列哪种活动反映了儿童的形象思维？(　　)

A. 做遵守交通规则过马路的游戏　　B. 分角色游戏

C. 给布娃娃穿衣、喂奶　　D. 儿童能算出 2+3=5

5. 幼儿具体形象思维的两个突出特点是(　　)。

A. 具体性　　B. 经验性　　C. 形象性　　D. 拟人性

三、判断题

1. 概括性和间接性是具体形象思维的两个最为突出的特点。(　　)
2. 幼儿理解事物的水平不高，不深刻，常受外部条件的限制。(　　)
3. 具体形象思维是幼儿思维的典型方式。(　　)
4. 幼儿在判断事物时常从事物外在的或表面的特点出发。(　　)
5. 通过思维可以反映事物的外部特征，所以是认识的低级阶段。(　　)
6. 抽象逻辑思维是靠语言进行的思维活动，是人类特有的思维。(　　)
7. 幼儿思维概括能力的发展主要处于形象概括的水平。(　　)
8. 好奇、爱问是幼儿思维活动的具体表现。(　　)
9. 儿童最初的思维以具体形象思维为主。(　　)
10. 问题情境是指那些在幼儿的生活和活动中能激发幼儿提出问题的情景。(　　)
11. 幼儿掌握的概念主要是日常概念、具体概念。(　　)
12. 幼儿对事物的理解往往是表面的，不能理解事物的内部含义。(　　)
13. 幼儿对空间概念和数概念的掌握均晚于实物概念，而且掌握起来都比较困难。(　　)

四、简答题

1. 幼儿的具体形象思维主要有哪些特点？

2. 幼儿初期的思维特点是怎样的？根据这一特点，幼儿教师该如何有效地组织活动？

五、论述题

试述如何培养幼儿的思维能力。

六、案例分析题

1. 幼儿教师在教学中要使用大量直观形象的教具，以帮助幼儿理解教学内容。在给孩子讲故事时，讲到“大象用鼻子把狼卷起来”时，老师总是用手做出“卷”的动作，说到“大象把狼扔到河里去”，又用手做出扔的样子，孩子们也学着老师的样子做出相应的动作，脸上露出会意的笑容。

(1) 此案例体现了儿童思维发展中的什么特点？

(2) 根据该特点，教师该如何有针对性地组织教学？

2. 一个幼儿能够正确回答这样一个问题：“这里有六个苹果，我们两个人分，两个人要一样多，每个人可以分到几个苹果。”但是他不会回答：“3+3 等于几”这样的问题。家长感到很奇怪。在大人看来，前者属于除法题，后者是加法，为什么幼儿会回答前者而不会回答后者？

请你分析一下原因。

【参考答案】

一、单项选择题

1. A　2. B　3. C　4. D　5. A　6. C　7. A　8. D　9. C　10. C

二、多项选择题

1. ABD　2. ABCD 3. AB　4. ABC　5. AC

三、判断题

1. ×　2. √　3. √　4. √ 5. ×　6. √　7. √ 8. √　9. ×　10. √　11. √　12. √　13. √

四、简答题

1. 幼儿具体形象思维的特点主要有：①具体性；②形象性；③经验性；④拟人性；⑤表面性；⑥固定性。

2. 幼儿初期的思维特点仍带有一定的直观行动性。幼儿教师在组织活动时，应该做到：

(1) 为幼儿提供大量可以直接感知的玩具与活动材料。

(2) 为幼儿提供活动与操作的条件与机会。

(3) 在活动过程中为幼儿提供较多形象可爱的玩教具。

(4) 激发幼儿的好奇心和对事物的认识兴趣。

五、论述题

(1) 通过观察，对具体事物进行分析、综合

分析综合是思维的基本操作过程。在不同的思维发展阶段，分析和综合的水平也不相同。幼儿的思维处于具体形象思维发展阶段，对事物的分析离不开事物的具体形象和具体特点。在丰富的活动中培养幼儿的分析综合能力，是促进幼儿思维发展的有效途径。通过观察具体事物，让幼儿充分感知事物的各个方面，对事物的具体特征进行分析综合。幼儿的分析综合能力就是在实际的活动中对具体事物进行充分的感知而获得发展的。

(2) 通过操作，对具体事物进行比较、分类

比较是进行分类的前提。幼儿通过对物体的操作，能够直接感知具体事物的特征，进行直接对比，找出物体之间的不同之处或相同之处，通过对物体相同之处的概括与判断，幼儿能够逐渐对事物进行分类。通过操作和对具体事物的比较，可以促进幼儿分类能力的发展。

六、案例分析题

1. ①幼儿的思维以具体形象性为主。幼儿思维的内容是具体的，依靠头脑中的具体形象和动作来思维。

② 老师在教学中应该结合这一阶段儿童思维的特点，多采用具体形象的教具、生动形象的语言和动作等来进行教学。也可以让幼儿根据老师的语言描述做出相应的动作，一边做动作一边思考想象，帮助幼儿理解领会教学内容。

2. ①幼儿的思维以具体形象性为主。幼儿在思考问题时，总是借助于具体事物或具体事物的表象。幼儿容易掌握那些代表实际东西的概念，不容易掌握比较抽象的概念。

② 案例中的幼儿之所以能回答前者，是因为苹果是他们熟悉的、具体的形象，是幼儿熟悉的事物，而后一个问题是抽象的数概念，幼儿对数概念的理解晚于对实物概念的理解，而且掌握起来较困难，所以他不能回答。

第八章　幼儿的言语

【学习目标】

◆ 言语的概念与作用；
◆ 幼儿期言语的特征与幼儿活动的关系；
◆ 幼儿言语发展中易出现的问题及教育措施；
◆ 提高幼儿言语能力的措施。

【知识要点】

- 幼儿的言语
  - 幼儿言语发展的主要特征
    - 语言、言语的概念
    - 幼儿言语发展的主要特征
  - 幼儿言语与活动
    - 活动中幼儿言语的特点
      - 自我中心言语
      - 社会化言语
    - 幼儿言语中容易出现的问题
      - 音准差
      - 不会掌握言语表情技巧
  - 在实践中提高幼儿的言语能力

第一节　幼儿言语发展的主要特点

一、语言、言语的概念

（1）语言：语言是人类社会实践中逐渐形成和发展起来的交际工具，是一种社会上约定俗成的符号系统。语言是一种社会现象。

（2）言语：言语是运用语言进行实际活动的过程。言语是一种心理现象。

言语的分类：①口头言语，幼儿主要是口头言语；②书面言语；③内部言语。

（3）语言、言语的关系：

语言和言语是两个不同而又密切联系的概念。一方面，言语活动是依靠语言来进行的；另一方面，语言又是在人的具体言语交际中形成和发展起来的，并且，任何一种语言，都必须通过人们的言语才能发挥交际工具的作用。

二、言语在幼儿心理发展中的作用

（1）幼儿掌握语言的过程，也就是幼儿社会化的过程。

（2）言语与幼儿的认识过程。

（3）言语对幼儿心理活动和行为的调节作用。

三、幼儿言语发展的主要特征

进入幼儿期，言语发展主要表现为口语的发展。

（一）幼儿口语的发展

幼儿口语的发展主要表现为掌握语音、词汇、语法以及语言表达能力的发展。

1. 掌握全部本族语音

3~4 岁幼儿的发音能力迅速发展，他们已初步掌握本民族、本地区的全部语音，但在实际使用语音时，对有些音往往发不准确。

教师必须重视幼儿的发音练习，尤其是 4 岁左右的幼儿，更应实施正确的语音教育。

2. 词汇量增加，内容变化大

（1）词汇量的增加

幼儿期是人一生中词汇量增加最快的时期，6 岁时词汇数量可达 3000 至 4000 个。

（2）词类范围日益扩大

在幼儿掌握的词汇中，主要是意义比较具体的实词。其中名词最多，其次是动词，再次是形容词，最后才是副词。

（3）词义逐渐丰富和加深

3. 初步掌握语法

研究资料表明，我国幼儿所说出的句子类型，有以下发展趋势：

（1）从不完整句到完整句；

（2）从简单句到复合句；

（3）从陈述句到多种形式的句子。

在整个幼儿期，简单的陈述句仍然是最基本的句型，占的比例较大。

4. 口语表达能力进一步发展

（1）对话言语的发展和独白言语的出现；

（2）情境性言语的发展和连贯性言语的产生。

5. 出现内部言语的过渡形式——出声的自言自语

言语可按活动目的和是否出声，分为外部言语和内部言语。内部言语是言语的高级形式，它不是用来和人交际的言语。

幼儿时期的内部言语在发展过程中，常出现一种介乎外部言语和内部言语的过渡形式，即出声的自言自语，分为游戏言语和问题言语两种形式。

（1）游戏言语

游戏言语是一种在游戏、绘画活动中出现的言语。其特点是一边做动作，一边说话，用言语补充和丰富自己的行动。

（2）问题言语

问题言语是在活动中遇到困难或问题时产生的言语，用以表示困惑、怀疑、惊奇等。

（二）书面言语掌握的可能性

书面言语产生的基础是口头言语，幼儿期已为书面言语的学习做了准备，表现在：①掌握口语词汇；②掌握语音；③掌握基本语法和口语表达能力；④幼儿图形知觉的发展。

第二节　幼儿的言语与活动

一、活动中幼儿言语的特点分析

儿童心理学家皮亚杰将儿童的言语归为两大类：

1. 自我中心言语

自我中心言语表现为儿童讲话时不考虑自己在同谁讲话，也不在乎对方是否在听自己讲话，他或是自言自语，或是由于和一个偶然在身边的人共同活动感到愉快而说话。

自我中心言语有三个范畴：①重复；②独白；③双人或集体独白。

2. 社会化言语

① 适应性告知；②批评和嘲笑；③命令、请求(祈使)和威胁；④问题与回答。

二、幼儿言语发展中易出现的问题及教育措施

(一) 音准差

1. 不能正确掌握发音部位和发音方法

3~4 岁的幼儿由于生理上不够成熟，不能恰当地支配发音器官。他们发出的元音错误少，错误往往在发辅音上。

由于受生理成熟的影响，幼儿初期孩子不能正确掌握发音部位和发音方法，出现发音困难。正确的教学，可以帮助幼儿更好地掌握发音部位和发音方法，特别是对 3~4 岁的幼儿，可以用说儿歌、绕口令等方法，引导他们多作发音练习。在日常生活中，应要求幼儿努力做到发音清楚。

2. 方言影响

发音，除受生理成熟的影响外，更受环境和教育的影响。方言，是幼儿发音不准的又一因素。因此，在日常教育活动中，要坚持以普通话教学。在日常生活中，家庭也应配合教育，为幼儿创设良好的语音环境，以促进其语音的良好发展。

(二) 不会掌握言语表情技巧

1. 语气掌握得不好

2. 幼儿口吃及心理因素

口吃是语言的节律障碍、说话中不正确的停顿和重复的表现。幼儿的口吃，部分是生理原因，更多的是心理原因所致。口吃的年龄以 2~4 岁为多，3~4 岁是口吃的常见期。

心理原因有：说话时过于急躁、激动、紧张；可能来自模仿。

矫正口吃的重要方法是解除紧张。如果对幼儿的口吃现象加以斥责或过急要求改正，将会加剧其紧张情绪，使口吃现象恶性循环。甚至由此导致幼儿避免说话，或回避说出某些词，难以纠正口吃。这种情况发展下去，还将对幼儿的性格形成产生不良影响，导致孤僻等性格特征。

三、在实践中提高幼儿的言语能力

幼儿的言语能力是在交流和运用的过程中发展起来的，应为幼儿创设自由、宽松的语言

交往环境，鼓励和支持幼儿与成人、同伴交流，让幼儿想说、敢说、喜欢说，并能得到积极回应。

幼儿的言语能力是在社会环境与教育的影响下形成和发展的，因此，要重视在实践中发展幼儿的言语能力。

（一）创设良好的语言环境，为幼儿创造交往和说话的机会，并体验语言交往的乐趣

生活是语言的源泉，而良好的语言环境，就是指要丰富幼儿的生活内容。因此，组织丰富多彩的活动，使幼儿广泛地认识周围世界，扩大眼界，丰富知识面，增长词汇。同时，要给幼儿提供更多的交往机会，尤其是和小朋友的交往机会。当孩子见多识广，语言自然也就丰富了。

（1）每天有足够的时间与幼儿交谈，如谈论他感兴趣的话题，询问和听取他对自己事情的意见等。

（2）尊重和接纳幼儿的说话方式，无论幼儿的表达方式如何，都应认真地倾听并给予积极的回应。

（3）鼓励和支持幼儿与同伴一起玩耍、交谈，相互讲述见闻、趣事或看过的图书、动画片等。

（4）方言和少数民族地区应积极为幼儿创设用普通话交流的语言环境。

（5）引导幼儿清楚表达，成人自身的语言要清楚、简洁。

当幼儿急于表达而说不清楚的时候，提醒他不要着急，慢慢说，同时要耐心倾听，给予必要的补充，帮助他理清思路并清晰地说出来。

（二）把言语活动贯穿于幼儿的一日活动之中

幼儿园专门的语言活动时间是有限的，教师还应在日常生活中培养幼儿的言语能力。教师可以组织幼儿收听广播、看电视、阅读图书、朗读文学作品等来丰富和积累文学语言；在一日生活中，通过随时的观察、交谈等来获得大量的感性认识，并复习、巩固和运用在专门的语言活动中学过的词汇和句式等，更多地学习新的词汇，学会用清楚、正确、完整、连贯的语言描述周围事物，表达自己的情感和愿望。

（三）培养幼儿初步的阅读理解能力

1. 经常和幼儿一起阅读，引导他以自己的经验为基础理解图书的内容

（1）引导幼儿仔细观察画面，结合画面讨论故事内容，学习建立画面与故事内容的联系。

（2）和幼儿一起讨论或回忆书中的故事情节，引导他有条理地说出故事的大致内容。

（3）在给幼儿读书或讲故事时，可先不告诉名字，让幼儿听完后自己命名，并说出这样命名的理由。

（4）鼓励幼儿自主阅读，并与他人讨论自己在阅读中的发现、体会和想法。

2. 在阅读中发展幼儿的想象和创造能力

（1）鼓励幼儿依据画面线索讲述故事，大胆推测、想象故事情节的发展，改编故事部分情节或续编故事结尾。

（2）鼓励幼儿用故事表演、绘画等不同的方式表达自己对图书和故事的理解。

（3）鼓励和支持幼儿自编故事，并为自编的故事配上画图，制成图画书。

3. 引导幼儿感受文学作品的美

(1) 有意识地引导幼儿欣赏或模仿文学作品的语言节奏和韵律。

(2) 给幼儿读书时，通过表情、动作和抑扬顿挫的声音传达书中的情绪、情感，让幼儿体会作品的感染力和表现力。

(四) 成人良好的言语榜样

1. 成人注意语言文明，为幼儿做出表率

(1) 在与他人交谈时，认真倾听，使用礼貌语言。

(2) 在公共场合不大声说话，不说脏话、粗话。

(3) 幼儿表达意见时，成人可蹲下来，眼睛平视幼儿，耐心听他把话说完。

2. 以身作则帮助幼儿养成良好的语言习惯

(1) 成人要经常表现出必要的文明礼节，并能结合情境与幼儿一起践行一些必要的交流礼节。

(2) 成人注意并提醒幼儿遵守集体生活的语言规则，如轮流发言，不随意打断别人讲话等。

(3) 成人注意并能提醒幼儿注意公共场所的语言文明，如不大声喧哗等。

(五) 注重个别教育

由于每个幼儿的个性特征和智力水平都存在差异，言语的积极性和驾驭语言的能力不一样。因此，教师在教育活动及日常生活中，不可忽视对幼儿的个别教育。如对言语能力强的幼儿，可提出更高的要求；对言语能力较差的幼儿，教师要主动亲近和关心他们，有意识地和他们交谈，鼓励他们大胆说话，表达自己的要求、愿望，叙述自己喜闻乐见的事，给予他们更多的语言实践机会，从而提高他们的言语水平。

【例题解析】

1. [单项选择题]进入幼儿期，言语的发展主要表现为(　　)的发展。

A. 口头言语　　B. 书面言语　　C. 独白言语　　D. 连贯言语

【解析】A。本题考查幼儿言语发展的主要特征。儿童出生以后，在环境和成人的教育下，言语在不断发展。进入幼儿期，言语发展主要表现为口语的发展。

2. [多项选择题]幼儿的自言自语有两种形式，即(　　)。

A. 自我中心言语　　B. 游戏言语　　C. 独白言语　　D. 问题言语

【解析】BD。本题考查幼儿口语的发展特点。幼儿时期的内部言语在发展过程中，常出现一种介乎外部言语和内部言语的过渡形式，即出声的自言自语，分为游戏言语和问题言语两种形式。

3. [判断题]矫正口吃的重要方法是督促练习。(　　)

【解析】错误。本题考查对矫正口吃的方法的掌握情况。幼儿的口吃，部分是生理原因，更多的是心理原因所致。口吃的心理原因之一是说话时过于急躁、激动、紧张；另一种原因，可能是来自于模仿。矫正口吃的重要方法是解除紧张。

4. [简答题]我国幼儿说出的句子类型的发展趋势是怎样的?

【解析】研究资料表明，我国幼儿所说出的句子类型，有以下发展趋势：①从不完整句到完整句；②从简单句到复合句；③从陈述句到多种形式的句子。在整个幼儿期，简单的陈述句仍然是最基本的句型，占的比例较大。

5. [案例分析题]4 岁的强强喜欢自言自语。搭积木时，他边搭边说："这块放在哪里呢……不对，应该这样……这是什么……就把它放在这里作门吧……"；搭完一个机器人后，他会兴奋地对着它说："你不要乱动，等我下了命令后，你就去打仗。"

试用所学知识回答，强强的言语属于哪一种言语形式？它有什么特点？

【解析】强强的言语属于游戏言语(自言自语的一种)。

其特点是一边做动作，一边说话，用言语补充和丰富自己的行动。

【达标测试】

一、单项选择题

1. 幼儿初步掌握本民族、本地区的全部语音是在(　　)。

A. 2~3 岁　　B. 3~4 岁　　C. 4~5 岁　　D. 5~6 岁

2. 言语是运用语言进行交流的过程，是一种(　　)现象。

A. 社会　　B. 物理　　C. 精神　　D. 心理

3. 宝宝说"妈妈班"，这说明他的语法发展处于(　　)阶段。

A. 双词句　　B. 单词句　　C. 多词句　　D. 简单句

4. 幼儿最先掌握的词是(　　)。

A. 动词　　B. 形容词　　C. 代词　　D. 名词

5. 整个幼儿期，幼儿使用的最基本的句型是(　　)。

A. 陈述句　　B. 疑问句　　C. 祈使句　　D. 感叹句

6. 幼儿期常出现一种介乎于外部言语和内部言语的过渡形式，即是(　　)。

A. 出声的自言自语　　B. 情境性言语　　C. 连贯性言语　　D. 游戏言语

7. 儿童口吃的常见期是(　　)。

A. 2~3 岁　　B. 3~4 岁　　C. 4~5 岁　　D. 5~6 岁

二、多项选择题(多选、漏选、错选均不得分)

1. 幼儿的自我中心言语有三个范畴，它们是(　　)。

A. 重复　　B. 独白　　C. 批评和嘲笑　　D. 双人或集体独白

2. 幼儿的社会化言语包括(　　)。

A. 适应性告知　　B. 问题与回答　　C. 批评和嘲笑　　D. 命令、请求和威胁

3. 幼儿口语的发展主要表现在语音、(　　)几个方面的发展上。

A. 词汇　　B. 语义　　C. 语法　　D. 语言表达能力

4. 幼儿书面言语掌握的可能性表现在(　　)。

A. 掌握口语词汇　　B. 掌握基本语法和口语表达力

C. 掌握语音　　D. 幼儿图形知觉的发展

三、判断题

1. 语音的发展受言语器官和神经系统成熟程度的影响，更受环境和教育条件的影响。 ( )
2. 城市幼儿发音好于农村幼儿。 ( )
3. 幼儿期是人一生中词汇量增加最快的时期。 ( )
4. 4岁后发音渐趋方言化。因此，对4岁左右幼儿更应实施正确的语音教育。 ( )
5. 5岁幼儿的词汇数量可达到3000至4000个。 ( )
6. 幼儿掌握实词比虚词要早。 ( )
7. 幼儿对词义的掌握不够丰富和深刻。 ( )
8. 内部言语的产生在幼儿中期。 ( )
9. 4岁左右的幼儿是图形知觉发展的敏感期，因此，可以认识一些字。 ( )
10. 问题言语是在活动中遇到困难或问题时产生的言语。 ( )
11. 幼儿口吃包括生理的和心理的两方面的原因，更多的是生理方面的原因。 ( )
12. 幼儿言语的发展主要表现为口语的发展。 ( )
13. 3~4岁的幼儿已初步掌握本民族、本地区的全部语音。 ( )
14. 言语和语言都是心理过程。 ( )
15. 在幼儿言语的发展中，语法结构的发展比语音和语义的发展要晚一些。 ( )

四、简答题

1. 我国幼儿口语发展的特点是怎样的？

2. 口吃的心理原因有哪些？如何矫正？

五、论述题

如何发展幼儿的言语能力？

六、案例分析题

最近，小华的母亲非常着急，4岁的小华出现了口吃的现象，尽管母亲多方矫正，甚至取笑打骂都无济于事。

① 请分析一下小华出现口吃的原因。②说说小华母亲“取笑打骂”的做法合适吗？③应怎样纠正口吃呢？

【参考答案】

一、单项选择题

1. B　2. D　3. B　4. D　5. A　6. A　7. B

二、多项选择题

1. ABD　2. ABCD　3. ACD　4. ABCD

三、判断题

1. √　2. √　3. √　4. √　5. ×　6. √　7. √　8. √　9. √　10. √　11. ×　12. √　13. ×　14. ×　15. √

四、简答题

1. 我国幼儿口语发展的特点：①掌握全部本族语音；②词汇量增加，内容变化大；③初步掌握语法；④口语表达能力进一步发展；⑤出现内部言语的过渡形式——出声的自言自语。

2. 口吃的心理原因：一是说话时过于紧张、激动、急躁；一是模仿。

矫正口吃的重要方法是解除紧张。如果对幼儿的口吃现象加以斥责或过急要求改正，将会加剧其紧张情绪，使口吃现象恶性循环。甚至导致幼儿避免说话或回避说某些词，难以矫正口吃。这种情况发展下去，还将对幼儿的性格形成产生不良影响，导致孤僻等性格特征。

五、论述题

参考答案参见第 66 页本章第二节“三、在实践中提高幼儿的言语能力”。

六、案例分析题

① 3、4 岁是儿童口吃的常见阶段，口吃的原因有些是生理原因，但是更多的是心理原因所致。心理原因之一是说话时过于急躁、激动和紧张。原因之二是出于模仿。幼儿是好模仿，对他人口吃出于好奇，就模仿口吃。

② 小华母亲取笑打骂的做法是错误的。这不但不能矫正口吃，反而会加剧小华的紧张心理，导致他不愿说话甚至形成孤僻等不良个性。在掌握了儿童心理发展规律的基础上，家长和老师应及时加以正确引导，让他在和成人的对话中学会慢慢地说话，用手势辅助语言来表达，问题就能够解决。

③ 矫正口吃的重要方法是解除紧张。如果对幼儿的口吃现象加以斥责或过急要求改正，将会加剧其紧张情绪，使口吃现象恶性循环，甚至导致幼儿避免说话或回避说某些词，难以矫正口吃，并且还将会对幼儿的性格产生不良影响，导致孤僻等性格特征。

第三编　幼儿的情绪、个性与社会性发展

第九章　幼儿的情绪与情感

【学习目标】

◆ 情感的概念；
◆ 情感在幼儿心理发展中的作用和幼儿情感的主要特点；
◆ 情绪与健康的关系，保持幼儿情绪健康的方法；
◆ 在活动中如何帮助幼儿克服不良情绪。

【知识要点】

- 幼儿的情绪与情感
  - 情绪和情感在幼儿心理发展中的作用
    - 情绪和情感的概念
    - 情绪和情感在幼儿心理发展中的作用
    - 情绪与身心健康
  - 幼儿情绪、情感发展的主要特征
    - 情绪的易冲动性
    - 情绪的不稳定性
    - 情绪的外露性
    - 高级情感的发展
  - 幼儿的情绪、情感与幼儿的活动
    - 生活环境与幼儿的情绪情感
    - 游戏活动与幼儿的情绪情感
    - 成人的情绪态度与幼儿的情绪情感
    - 在活动中帮助幼儿克服不良情绪

第一节　情绪和情感在幼儿心理发展中的作用

一、什么是情绪情感

情绪和情感是客观事物是否符合人的需要而产生的态度体验。

二、情绪、情感在幼儿心理发展中的作用

(1) 动机作用；(2)组织作用；(3)信号作用；(4)感染作用。

三、情绪与身心健康

父母和教师要注意发现幼儿的消极情绪，尽量保持幼儿的健康情绪。具体应注意：

1. 使幼儿经常处于愉快的情绪状态

紧张和压抑是两种最有害的状态，而愉快可释放紧张的状态。因此，父母和教师有责任创设一种愉快的生活环境，使幼儿处于轻松、活跃、主动和摆脱束缚的状态，使幼儿充分享受到生活的乐趣；同时，激发、培养幼儿对客观事物的广泛兴趣，也是减轻幼儿紧张感、保持愉快情绪的有效途径。

2. 不要给孩子造成过大的精神压力

很多家长和教师在幼儿期就给孩子安排了过多的学习任务，这样做不但没有加速儿童的发展，反而可能造成幼儿情绪的紧张、焦虑等消极情绪，不利于幼儿情感的发展。因此，要适当减轻孩子的负担。

3. 让幼儿充分活动，与小伙伴交往

束缚孩子的活动、交往，可能产生两种不良后果：一是烦躁等消极情绪的产生，二是形成冷漠、孤僻的性格。因此，要给幼儿适当的活动、交往的自由，让幼儿从中获得愉快和满足。

4. 允许幼儿有适当的宣泄

适当的宣泄是使紧张得到释放的有效途径。当成人对幼儿的不合理要求进行说服、制止后，幼儿往往产生一种紧张状态，可能会有一些行为或言语的反应，来表达他内心的紧张。成人对此要给予谅解。但要注意适度性，避免儿童过分强烈宣泄或持续时间过长，导致消极情绪的加强。

5. 让幼儿学会认识自己和他人

让幼儿学会评价自己，逐渐了解自己的长处和不足。同时，逐渐学会从他人角度考虑问题。这样，当遇到困难和挫折时，会有一种比较正确的态度，避免了消极情绪的干扰。

第二节　幼儿情绪、情感发展的主要特征

一、婴儿情绪的发生与发展

1. 新生儿原始的情绪反映

儿童出生后头几天或哭或安静或四肢划动等都可以称为原始的情绪反映。它的特点是：与生理需要是否得到满足有关。原始情绪反映是儿童与生俱来的，是本能的反应。

2. 婴儿期情绪的逐渐分化

在原始情绪的基础上，儿童逐渐出现各种基本的情绪反映。基本情绪的发生既有一般规律，又有个体差异。

二、幼儿情绪、情感发展的特点

幼儿情绪情感的发展主要表现为，各种情绪体验逐渐丰富和深刻，情感越来越占主导地位。

(1) 情绪的易冲动性；

(2) 情绪的不稳定性；

(3) 情绪的外露性；

(4) 高级情感的发展。

① 道德感。道德感是因自己或他人的言行举止是否符合社会道德标准而引起的情绪体验。如中班幼儿的告状行为就是基于道德标准而产生的。

② 理智感。理智感是在认识客观事物的过程中所产生的情感体验，它与人的求知欲、认识兴趣、解决问题的需要等满足与否相联系。

幼儿理智感的特殊表现形式一是好奇好问，二是与动作相联系的"破坏"行为。

③ 美感。美感是人对事物审美的体验，它是根据一定的美的标准而产生的。

第三节　幼儿的情绪情感与幼儿的活动

一、生活环境与幼儿的情绪、情感

生活环境包括物质环境和精神环境。

幼儿园的精神环境主要指幼儿周围人与人之间的关系，主要是教师之间的关系、教师与幼儿之间的关系及幼儿之间的关系。在这些关系中，对幼儿影响最大的是班内教师与幼儿本人的关系及幼儿与同伴之间的关系。

二、游戏活动与幼儿的情绪、情感

游戏不仅可以带给幼儿快乐，还可以满足幼儿的多种需要。

(1) 主动感是幼儿期的重要需要形式，游戏给幼儿提供了主动活动的机会；

(2) 幼儿期旺盛的求知欲可以在游戏中得到满足；

(3) 参加成人活动是每个幼儿的梦想，游戏可以使梦想成真，给幼儿带来巨大快乐。

三、成人的情绪态度与幼儿的情绪、情感

成人对儿童的态度是影响幼儿情绪、情感健康发展的一个主要因素。对儿童有较大影响的是父母和教师的态度。

四、在活动中帮助幼儿克服不良情绪

怎样及时发现幼儿的不良情绪并及时给予引导？

(1) 成人要善于发现、辨别孩子的情绪。

孩子在幼儿园或家庭中，会遇到许多不称心的事，易使孩子紧张焦虑，失去心理平衡。家长和教师要帮助幼儿分析，找到原因，解除孩子心中的顾虑，同时，允许孩子以适当的方式表达自己的心情。教师和家长要针对不同的情况，给予灵活的处理。

(2) 从幼儿的情绪表现来分析幼儿的内心情感世界。

孩子的行为往往反映了孩子内心已经形成的一些品质。发现孩子的情绪时要进行正确分析，有益的部分，要及时表扬并加以保护；对不良的苗头，则要帮助幼儿克服、纠正。

（3）帮助幼儿学会恰当表达和调控情绪。

（4）要注意幼儿的个别差异，对不同的孩子采取不同的方法。

（5）注意孩子积极情感的引导，让积极情感成为幼儿情感的主旋律，减少消极情感的产生。

幼儿的情感敏感而脆弱，幼儿的情感世界丰富多彩，需要父母、教师的关注、爱护，并需要父母、教师的引导，以产生积极的情感。

【例题解析】

1. [单项选择题]当幼儿由于得不到喜爱的玩具而哭泣时，成人递给他一块糖，他就立刻会笑起来。这种幼儿的“破涕为笑”现象，说明了其情绪的(　　)。

A. 易冲动性　　B. 外露性　　C. 不稳定性　　D. 易受感染性

【解析】C。本题考查幼儿情绪、情感的发展特点。幼儿情绪的发展特点主要表现在三个方面：即情绪的易冲动性。幼儿常常处于激动状态，而且来势强烈，不能自制；情绪的不稳定性。幼儿期的情绪是非常不稳定的，容易变化，表现为两种对立的情绪在短时间内互相转换；情绪的外露性。幼儿期孩子的情绪完全表露在外，丝毫不加控制和掩饰。本题中的幼儿其情绪由哭到笑，说明他的情绪容易发生变化，不稳定。

2. [多项选择题]情绪、情感在幼儿心理发展中的作用主要有(　　)。

A. 动机作用　　B. 组织作用　　C. 信号作用　　D. 感染作用

【解析】ABCD。本题考查情绪、情感在幼儿心理发展中的作用。情绪、情感在幼儿心理发展中的作用包括：动机作用、组织作用、信号作用、感染作用。

3. [判断题]成人对儿童的态度是影响幼儿情绪、情感健康发展的一个主要因素。对儿童有较大影响的是父母和教师的态度。(　　)

【解析】正确。本题考查影响幼儿情绪和情感发展的要素。影响幼儿情绪和情感发展的要素有：生活环境、游戏活动和成人的情绪态度。成人对儿童的态度是影响幼儿情绪、情感健康发展的一个主要因素。对儿童有较大影响的是父母和教师的态度。

【达标测试】

一、单项选择题

1. 在一定的条件下，一个人的情感可以影响别人，使之产生同样的情感。这种以情动情的现象，称为情感的(　　)。

A. 调节作用　　B. 信号作用　　C. 动机作用　　D. 感染作用

2. 人的需要是否得到满足而产生的主观体验或内心感受，我们称为(　　)

A. 感觉　　B. 思维　　C. 言语　　D. 情绪情感

3. 幼儿喜欢穿颜色鲜艳的衣服，这是他们的(　　)在起作用。

A. 理智感　　B. 道德感　　C. 美感　　D. 实践感

4. 与儿童最初的情绪反应相联系的需要是(　　)。

A. 社会性需要　B. 归属和爱的需要　C. 尊重的需要　D. 生理需要

5. 根据情感的社会性内容，可以把情感分为道德感、(　　)和美感。

A. 理智感　B. 品德感　C. 品质感　D. 质疑感

6. 新生入园，班里有一个孩子哭，其他孩子也会莫名其妙地跟着哭，这是情绪的(　　)。

A. 动机作用　B. 组织作用　C. 信号作用　D. 感染作用

7. 中班幼儿喜欢告状，这体现的是幼儿情感的(　　)。

A. 理智感　B. 美感　C. 道德感　D. 实践感

8. 情绪作为信息交流工具的特点具有(　　)。

A. 动机作用　B. 组织作用　C. 信号作用　D. 感染作用

9. 小明小朋友用学过的知识解决了问题，心中感到很高兴，这是(　　)的表现。

A. 道德感　B. 理智感　C. 美感　D. 实践感

10. 因自己或别人的言行举止是否符合社会道德标准而引起的情绪体验称之为(　　)。

A. 道德感　B. 理智感　C. 美感　D. 实践感

二、多项选择题(多选、漏选、错选均不得分)

1. 幼儿理智感的特殊表现形式有(　　)。

A. 好奇好问　B. 暗示　C. "破坏"行为　D. 情绪性

2. 幼儿高级情感的发展包括(　　)。

A. 道德感　B. 理智感　C. 情感　D. 美感

3. 幼儿园的精神环境中，对幼儿影响最大的是(　　)。

A. 班内教师与幼儿本人的关系　B. 幼儿与同伴之间的关系

C. 幼儿周围人与人之间的关系　D. 教师之间的关系

三、判断题

1. 幼儿的情绪容易外显，不善于掩蔽自己的真实情绪。(　　)

2. 小班的幼儿开始告状，这是道德感发展的表现。(　　)

3. 情绪是比较持久、深刻的，情感体验是比较短暂、带有情境性的。(　　)

4. 幼儿是无忧无虑的。(　　)

5. 情感发生较早，情绪发生较晚。(　　)

6. 幼儿智力操作的最佳情绪背景是特别高兴的状态。(　　)

7. 适中的愉快情绪可以提高幼儿智力活动的效果。(　　)

8. 幼儿不存在情绪健康问题。(　　)

9. 大班孩子在看小人书时，往往把大灰狼和坏人的眼睛挖掉，这是幼儿理智感的体现。(　　)

10. 拆卸玩具行为是幼儿求知欲的表现。(　　)

11. 幼儿很会掩饰自己的情绪。(　　)

12. 幼儿园的精神环境指的是游戏室的布置。(　　)

13. 情感比情绪更稳定、长久。(　　)

14. 好奇好问是幼儿道德感的一种特殊的表现形式。 (　　)
15. 幼儿的“破坏”行为是其理智感发展的特殊表现形式。 (　　)
16. 情绪是心理活动中的监控者，它对其他心理活动具有组织作用。 (　　)
17. 儿童在出生时已经具备了人所有的各种情绪反应。 (　　)
18. 情感在情绪的基础上形成，并对情绪产生巨大的影响。 (　　)

四、简答题

1. 简述幼儿情绪、情感发展的特点。

2. 简述如何在活动中帮助幼儿克服不良情绪。

五、论述题

谈谈如何保证幼儿的情绪健康。

六、案例分析题

有位母亲告诉我国著名教育家陶行知先生，她的儿子把她刚买回的手表拆了，她一气之下，把儿子痛打了一顿。陶行知先生幽默地说：“恐怕中国的爱迪生被你枪毙掉了。”

你怎么看幼儿的这种“破坏”行为？并请给家长提出合理化建议。

【参考答案】

一、单项选择题

1. D　2. D　3. C　4. D　5. A　6. D　7. C　8. C　9. B　10. A

二、多项选择题

1. AC 2. ABD　3. AB

三、判断题

1. √　2. ×　3. ×　4. ×　5. ×　6. ×　7. √　8. ×　9. ×　10. √　11. ×　12. ×　13. √　14. ×　15. √　16. √　17. ×　18. √

四、简答题

1. 幼儿情绪、情感的发展主要表现为各种情绪体验逐渐丰富和深刻，情感越来越占主导地位。具体表现为：

① 情绪的易冲动性；

② 情绪的不稳定性；

③ 情绪的外露性；

④ 高级情感的发展，包括道德感、理智感和美感的发展。

2. 在活动中帮助幼儿克服不良情绪的方法：

① 成人要善于发现、辨别孩子的情绪；

② 从幼儿的情绪表现来分析幼儿的内心情感世界；

③ 帮助幼儿学会恰当表达和调控情绪。

④ 要注意幼儿的个别差异，对不同的孩子采取不同的方法；

⑤ 注意积极情感的引导，让积极情感成为幼儿情感的主旋律，减少消极情感的产生。

五、论述题

幼儿期也存在着情绪健康的问题。因此，父母和教师要注意发现幼儿的消极情绪，尽量保持幼儿健康的情绪。

参考答案参见第73页本章第一节“三、情绪与身心健康”。

六、案例分析题

① 幼儿的“破坏”行为是幼儿理智感的一种表现形式，是幼儿探究客观世界过程中好奇心、求知欲的表现。日常生活中，许多在成人看来十分平常的事，在幼儿看来却十分好奇，所以他们要问、要拆，这完全是幼儿理智感发展的表现。

② 给家长的建议：家长要珍惜幼儿的这种探究热情，满足他们的好奇心。而不能骂他们，更不能打他们。否则，就会扼杀他们探究的积极性。

第十章　幼儿的个性

【学习目标】

◆ 个性、需要、兴趣、自我意识、能力、气质、性格的概念；
◆ 气质类型的主要特征；
◆ 幼儿能力、性格、气质、自我意识的发展特点；
◆ 幼儿性格的培养。

【知识要点】

- 个性
  - 个性形成的开始
    - 什么是个性
    - 幼儿期是个性初步形成的时期
    - 幼儿个性发展对人生发展的意义
  - 自我意识的发展
    - 什么是自我意识
    - 幼儿自我意识发展的特点
      - 幼儿自我评价发展的特点
      - 幼儿自我体验的发展
      - 幼儿自我控制的发展
  - 什么是需要
  - 幼儿气质的发展
    - 什么是气质
    - 幼儿气质的发展
      - 幼儿气质具有稳定性
      - 生活环境可以改变幼儿的气质
      - 儿童气质影响父母的教养方式
  - 性格的发展
    - 什么是性格
    - 幼儿性格的发展
      - 活泼好动
      - 喜欢交往
      - 好奇好问
      - 模仿性强
      - 好冲动
  - 能力的发展
    - 什么是能力
    - 幼儿能力的发展

第一节　个性形成的开始

一、什么是个性

(1) 概念：个性就是一个人比较稳定的、具有一定倾向性和各种心理特点或品质的独特结合。

(2) 特性：个性的特性主要有独特性、整体性和稳定性。

① 个性的独特性就是说人的个性千差万别，没有完全相同的。

② 个性的整体性是说一个人的个性体现在他的心理的各个方面，也可以说，在一个人行为的各个方面都能看到他个性的影子。

③ 个性的稳定性是指一个人在不同的时间、地点、场合的行为都会有非常相似的表现，是比较稳定的。

一个人的个性是相对稳定的，但并不是一成不变的，在一定的外界条件作用下，也会发生不同程度的改变。

个性是一个复杂的、多侧面的、多层次的动力结构系统，它主要包括以下两大方面内容：

◆ 个性的动力系统：具体包括个性调控系统(自我意识)和个性倾向性(需要、动机、兴趣、志向、理想、信念和人生观)，它决定着个性发展的方向，是个性最重要、最本质的特征。

◆ 个性心理特征：包括能力、性格、气质，这些特征最突出地表明人的心理的个别差异。

二、幼儿期是个性初步形成的时期

人的个性并不是先天带来的，而是在人出生后，在与外界环境的作用中逐渐形成和发展起来的。

人们普遍认为，学前期是儿童个性初步形成的时期。具体表现在：

(1) 幼儿期儿童的各种心理现象开始表现齐全，儿童心理的各个方面已经形成了一个比较完整的系统，开始形成一个完整的主观世界。

(2) 心理活动独特性开始形成，儿童间的个别差异日益明显，并渐趋稳定。

(3) 心理活动的积极能动性开始形成。

三、幼儿个性发展对人生发展的意义

幼儿个性的发展将是他们以后成长的基础。如果在此时期形成了良好的个性品质，儿童以后的成长就会更加顺利；如果此时期的发展出现了问题，家长和教师对儿童日后的再教育过程就很难，对孩子来讲，改正其不良个性特点的过程将会更加痛苦。

第二节　自我意识的发展

一、什么是自我意识

(1) 概念：自我意识是人对自身的认识。它区别于其他心理现象，自己既是认识者，又

是被认识者。自我意识是个性系统中最重要的组成部分，制约着个性的发展。自我意识的成熟，标志着个性的成熟。

(2) 特征：第一，必须有一种区别于他人的“分离感”，即一个人意识到自己作为一个独立的个体，是和他人不同的；第二，“稳定的同一感”，知道不管自己怎样变化，都是同一个人。

自我意识是人和动物的最后分界。

二、婴儿自我意识的发生

自我意识不是生来就有的，它有一个逐渐发生、发展的过程。

自我意识最初发生在婴儿期。一岁前的儿童没有自我意识，不能把自己作为一个主体同周围的客体区别开。自我意识的发展是以儿童动作的发展为前提的。它的真正出现是和儿童言语的发展相联系的。儿童在2~3岁的时候，掌握代词“我”，这是儿童自我意识萌芽的最重要标志。孩子会准确地使用“我”这个词来表达自己的愿望，说明儿童的自我意识产生了。

三、幼儿自我意识发展的特点

幼儿期自我意识的发展主要表现在自我评价、自我体验及自我控制的发展三个方面。

1. 幼儿自我评价发展的主要特点

(1) 主要依赖成人的评价；

(2) 自我评价常常带有主观情绪性；

(3) 自我评价具有笼统性、片面性和表面性。

2. 自我体验的发展

幼儿自我体验最明显的特点是受暗示性。成人的暗示对幼儿自我体验的产生起着重要作用。

3. 自我控制的发展

幼儿自我控制能力的发展主要表现在独立性、坚持性和自制力的发展方面。

第三节 需要的发展

一、什么是需要

需要是个体在一定的社会和教育的要求或自身的要求下，产生的对于一定客观现实的反映，是个体对其存在与发展条件的欲求的心理倾向，是个体活动的内在动力。

人的需要是一个多层次的结构。最低级的需要是人的生理需要，高一级是安全需要，在这两种需要满足的前提下，就会逐渐出现各种社会性需要，如被尊重的需要、友谊的需要等。

需要是个体行为积极性的源泉。人的活动的积极性根源在于他的需要。

二、幼儿需要的发展特点

(1) 开始形成多层次、多维度的整体结构；

(2) 优势需要有所发展。

第四节　幼儿气质的发展

一、什么是气质

气质是一个人所特有的较稳定的心理活动的动力特征，主要表现在心理活动的速度(反应的快慢)、强度(反应的大小)及灵活性(转换的速度)方面。

根据心理活动的速度、强度及灵活性的不同，一般将人的气质划分为四种类型：

胆汁质：精力旺盛、表里如一、刚强、易感情用事。

多血质：反应迅速、有朝气、活泼好动、动作敏捷、情绪不稳定、粗枝大叶。

黏液质：稳重有余而灵活性不足、踏实但有些死板、沉着冷静但缺乏生气。

抑郁质：敏锐、稳重、多愁善感、怯懦、孤独、行动缓慢。

二、新生儿的气质类型

新生儿的气质类型分为三种：活泼型、安静型和一般型。

三、幼儿气质的发展

(1) 幼儿气质具有稳定性。

(2) 生活环境可以改变幼儿的气质。

幼儿气质发展中存在"掩蔽现象"。所谓"掩蔽现象"就是指一个人气质类型没有改变，但是形成了一种新的行为模式，表现出一种不同于原来类型的气质外貌。

儿童的气质类型具有相对稳定的特点，但并不是一成不变的，其后天的生活环境与教育可以改变原来的气质类型。

(3) 儿童气质影响父母的教养方式。

第五节　性格的发展

一、什么是性格

(1) 概念：性格是表现在人对现实的态度和惯常的行为方式中的比较稳定的心理特征。

(2) 性格特点的表现：

① 对现实稳定的态度；

② 惯常的行为方式。

二、婴儿性格的萌芽

3岁左右，儿童间出现了最初的性格方面的差异，主要表现在以下几个方面：

① 合群性；②独立性；③自制力；④活动性。

三、幼儿性格的发展

幼儿性格的年龄特征具体表现在以下几方面：

(1) 活泼好动。

(2) 喜欢交往。

(3) 好奇好问。幼儿有着强烈的好奇心和求知欲，主要表现在探索行为和好奇好问两方面。

(4) 模仿性强。模仿性强是幼儿期的典型特点，小班幼儿表现尤为突出。幼儿的模仿方式可以有即时模仿(马上照着做)，也可以有延迟模仿(过一段时间后的模仿)。

(5) 好冲动。

四、幼儿性格的培养

幼儿期，幼儿的性格还未定型，而幼儿正是富于可塑性的时期，因而要特别重视幼儿的性格教育，使幼儿形成良好的坚强的性格。

1. 加强思想品德教育

性格标志着一个人的思想品德。只有具有良好的思想品德，才会形成坚毅的性格。教师应根据幼儿的心理发展特点，采取生动有效的方法，加强思想品德教育，培养他们热爱祖国及爱科学、爱学习、爱劳动等品德；培养幼儿从小爱探索、自己动脑动手等习惯。使幼儿掌握一些行为规则、分辨简单的是非，逐步形成良好的性格。

2. 引导幼儿参加集体生活和实践活动

集体是塑造性格的重要条件，同时集体生活能使幼儿已经形成的某些不良性格特征等得到纠正，使性格趋于完善。

幼儿的性格又是在实践中形成的。幼儿在游戏、学习和劳动中掌握行为准则，而且实际运用于自己的行动上。已形成的良好性格特征在实践中得到巩固，不良的性格特征因为受阻止、批评而逐渐改变。

3. 树立良好的榜样

教师和父母要重视榜样在幼儿性格塑造中的作用。幼儿好模仿，教师和父母要给幼儿提供好榜样，如英雄模范、先进人物等，并指导和鼓励他们学习。

教师也可以指导幼儿学习周围同伴的良好性格。同伴是幼儿最接近、最具体的榜样，有助于幼儿相互学习，形成良好的性格。

教师和父母的榜样对幼儿性格的塑造发挥着潜移默化的作用，因此，教师和父母要做幼儿的好榜样。

4. 巩固幼儿良好的性格特征，克服性格方面的缺点

教师和父母要采用适宜的表扬方式，及时肯定和表扬幼儿所表现出的良好的性格特征，使幼儿产生荣誉感，从而使它反复发生，巩固发展。对于表现出不良性格的幼儿，要了解原因，采取个别教育、启发诱导的方法，指出缺点，提出明确要求。当幼儿有了进步，就及时表扬，鼓励他们继续努力，使幼儿的不良性格逐渐改变，良好的性格逐渐形成发展。

第六节 能力的发展

一、什么是能力

能力是指人们成功地完成某种活动所必须具备的个性心理特征。

心理学家从不同角度将能力划分成两大类：

1. 一般能力和特殊能力

一般能力指大多数活动所共同需要的能力，也就是通常所说的智力。观察力、记忆力、思维力、想象力和注意力都是一般能力。一般能力以抽象概括能力为核心。

特殊能力是指为某项专门活动所必需的能力，又称专门能力。如数学能力、音乐能力。

2. 认识能力、操作能力和社交能力

认识能力就是学习、研究、理解、分析和概括的能力。

操作能力就是操纵、制作和运动的能力。如体育运动能力、动手能力等。

社交能力即人们在社会交往活动中所表现出来的能力。如组织管理能力等。

二、幼儿能力的发展

1. 幼儿智力的发展

幼儿期是智力发展最快的时期。很多人认为，儿童从出生到5岁是智力发展最为迅速的时期。

2. 幼儿特殊能力的表现

在幼儿期，有些特殊的才能已经开始有所表现，如音乐、绘画、体育等。

第七节 幼儿个性评价

一、什么是幼儿个性评价

幼儿个性评价就是对幼儿个性的某个方面或个性的整体做出的评价。

二、教师对幼儿进行个性评价的意义

(1) 幼儿个性评价是教师深入了解幼儿、对幼儿进行个别教育的前提。

(2) 教师对幼儿进行个性评价，可以针对幼儿个性特点，进行有的放矢的教育。

(3) 教师对幼儿进行的个性评价，不但可以了解幼儿个性的全貌，有针对性地进行教育，而且还可以对幼儿日常发生的各种行为进行诊断，从而找到解决问题的办法。

三、如何进行幼儿个性评价

幼儿教师对幼儿进行个性评价的最好方式就是日常观察记录。

1. 观察记录的项目

对幼儿观察记录的项目，包括幼儿一日生活中的各主要环节，主要包括游戏、午睡、进餐、起床等。

2. 观察记录的内容

(1) 当时的环境，包括场所及人员；

(2) 教师与孩子的关系及教师对孩子的注意程度；

(3) 教师要求与否，是个别要求，还是统一要求；

(4) 幼儿对教师要求的反应；

(5) 幼儿的整个行为过程；

(6) 幼儿的活动结果或效果如何。

3. 评价

评价可以有不同形式，但一般来说有如下几项：个性特点、存在的问题及教育建议等。

【例题解析】

1. [单项选择题]一个人比较稳定的、具有一定倾向性和各种心理特点或品质的独特结合，就是(　　)。

A. 气质　　B. 个性　　C. 性格　　D. 自我意识

【解析】B。本题考查个性的概念。个性就是一个人比较稳定的、具有一定倾向性和各种心理特点或品质的独特结合。

2. [多项选择题]儿童性格的年龄特征主要有：活泼好动、好冲动(　　)。

A. 喜欢交往　　B. 好奇好问　　C. 模仿性强　　D. 生活范围扩大

【解析】ABC。本题考查幼儿性格的年龄特征。幼儿性格的年龄特征具体表现在以下五方面：活泼好动；喜欢交往；好奇好问；模仿性强；好冲动。

3. [判断题]三岁左右，孩子开始“闹独立”，什么事都想自己来，这是儿童自制力发展的表现。(　　)

【解析】错误。本题考查幼儿自我控制的发展。幼儿自我控制能力的发展主要表现在独立性、坚持性和自制力的发展方面。从三岁左右，孩子开始“闹独立”，什么事都想自己来，这正是儿童独立性发展的表现。

4. [简答题]什么是气质？一般将人的气质划分为哪几种类型？

【解析】气质是一个人所特有的、较稳定的、心理活动的动力特征，主要表现在心理活动的速度(反应的快慢)、强度(反应的大小)及灵活性(转换的速度)方面。

根据心理活动的速度、强度及灵活性的不同，一般将人的气质划分为四种类型：

胆汁质：精力旺盛、表里如一、刚强、易感情用事。

多血质：反应迅速、有朝气、活泼好动、动作敏捷、情绪不稳定、粗枝大叶。

黏液质：稳重有余而灵活性不足、踏实但有些死板、沉着冷静但缺乏生气。

抑郁质：敏锐、稳重、多愁善感、怯懦、孤独、行动缓慢。

【达标测试】

一、单项选择题

1. (　　) 是个性最重要、最本质的特征，它决定着个性的发展方向。
A. 个性心理特征　B. 自我意识　C. 个性的动力系统　D. 个性倾向性
2. 个性的特性主要有独特性、整体性及(　　)。
A. 易变性　B. 典型性　C. 稳定性　D. 特殊性
3. 儿童个性初步形成的时期是(　　)。
A. 婴儿期　B. 幼儿初期　C. 幼儿中期　D. 学前期
4. 幼儿自我体验最明显的特点是(　　)。
A. 受暗示性　B. 易冲动性　C. 暗示性　D. 外露性
5. (　　) 是人对自身的认识，是人和动物的最后分界。
A. 个性心理特征　B. 个性倾向性　C. 自我意识　D. 个性的独特性
6. 自尊心、自信心、羞愧感是(　　) 的反映。
A. 自我评价　B. 自我体验　C. 自我控制　D. 自我认识
7. 自我意识萌芽最重要的标志是(　　)。
A. 会叫“妈妈”　B. 思维出现　C. 学会评价自我　D. 掌握代词“我”
8. 自我意识的基本特征是(　　)。
A. 独特性和可变性　B. 稳定性和调控性
C. 分离感和稳定的同一感　D. 复杂性和多层次性
9. 在一定程度上说，(　　) 的成熟标志着儿童个性的成熟。
A. 自我意识　B. 个性特征　C. 能力倾向　D. 个性倾向
10. 孩子从刚出生开始，就显出个人特点的差异，这主要是(　　) 的差异。
A. 言语特征　B. 记忆过程　C. 思维特征　D. 气质类型
11. 不是幼儿期儿童性格的典型特点的是(　　)。
A. 活泼好动　B. 喜欢交往　C. 好奇好问　D. 稳定性较强
12. “老师说我是好孩子”，说明幼儿对自己的评价是(　　)。
A. 独立性的　B. 个别方面的　C. 多方面的　D. 依从性的
13. 人对现实的态度和惯常的行为方式中比较稳定的心理特征是(　　)。
A. 道德感　B. 理智感　C. 气质　D. 性格
14. 个性心理特征不包括(　　)。
A. 需要　B. 能力　C. 气质　D. 性格
15. 个性系统中最重要的组成部分是(　　)，它制约着个性的发展。
A. 兴趣　B. 自我意识　C. 气质　D. 能力
16. 人们成功完成某种活动所必须具备的个性心理特征，指的是一个人的(　　)
A. 气质　B. 性格　C. 自我意识　D. 能力
17. 数学能力、音乐能力、美术能力属于(　　)。

A. 一般能力 B. 认识能力 C. 特殊能力 D. 操作能力

18. 儿童从出生到(　　)岁是智力发展最为迅速的时期。

A. 3 岁 B. 4 岁 C. 5 岁 D. 6 岁

19. 精力旺盛、表里如一、刚强、易感情用事，这是下列哪种气质类型的特点？(　　)

A. 胆汁质 B. 黏液质 C. 多血质 D. 抑郁质

20. 不同气质特点可以有针对性地进行培养。针对(　　)的孩子，应防止粗枝大叶，虎头蛇尾。

A. 胆汁质 B. 多血质 C. 黏液质 D. 抑郁质

二、多项选择题(多选、漏选、错选均不得分)

1. 个性的特性主要有(　　)。

A. 独特性 B. 整体性 C. 典型性 D. 稳定性

2. 影响儿童个性发展的主要因素是(　　)。

A. 家庭 B. 社会 C. 幼儿园 D. 学校

3. 幼儿自我控制能力的发展主要表现在(　　)和自制力的发展方面。

A. 独立性 B. 自尊心 C. 自信心 D. 坚持性

4. 三岁左右，儿童间出现了最初的性格方面的差异，主要表现在(　　)。

A. 合群性 B. 独立性 C. 活动性 D. 自制力

5 下面哪些能力属于一般能力(　　)。

A. 记忆力 B. 想象力 C. 观察力 D. 音乐能力

三、判断题

1. 个性的独特性，就是说人的个性千差万别，没有完全相同的。 (　　)

2. 从一个人行为的一个方面往往可以看到他的个性。 (　　)

3. 性格的特点有两点，即对现实稳定的态度和惯常的行为方式。 (　　)

4. 一个人的个性是相对稳定的，是一成不变的。 (　　)

5. 人的个性是先天带来的。 (　　)

6. “三岁看大，七岁看老”表明了幼儿期个性的独特性及基础作用。 (　　)

7. 幼儿期个性的发展主要表现在自我意识、需要、气质、性格及能力的发展等几方面。 (　　)

8. 自我意识是个性系统中最重要的组成部分，制约着个性的发展。 (　　)

9. 儿童自我意识萌芽的最重要的标志是掌握代词“我”。 (　　)

10. 即使自己不如别人，也往往说自己好，这说明幼儿的自我评价常常带有主观情绪性。 (　　)

11. 需要是个性积极性的源泉，是个体活动的内在动力。 (　　)

12. 在一定的教育下，人原来的某些气质特点可以发生变化。 (　　)

13. 儿童的气质类型具有稳定性，以后是不会再发生变化的。 (　　)

14. 儿童气质发展中存在“掩蔽现象”。 (　　)

15. 幼儿不能独立、全面、客观地评价自己。 (　　)

16. “树大自然直”，孩子的缺点随着年龄增长会自然改正。 ( )

17. 家长和教师不需要尊重幼儿。 ( )

18. 通常所说的智力就是特殊能力。 ( )

四、简答题

1. 什么是性格？幼儿性格的年龄特征主要表现在哪些方面？

2. 幼儿气质发展的特点是怎样的？

3. 什么是幼儿的个性评价？如何对幼儿进行个性评价？

五、论述题

简述幼儿自我意识的发展特点。

六、案例分析题

一个初中二年级的女生，平时经常偷同学们的好看的笔，是她没笔吗？不！她的笔比谁都多，一捆一捆地放在家中。就是因为喜欢，她才去偷。在很小的时候，她想要什么，父母就给什么，在她的心目中，只要她想要，什么都应该是她的。

结合案例说明幼儿个性发展对人生发展的意义。

【参考答案】

一、单项选择题

1. C　2. C　3. D　4. A　5. C　6. B　7. D　8. C　9. A　10. D　11. D　12. D　13. D　14. A　15. B　16. D　17. C　18. C　19. A　20. B

二、多项选择题

1. ABD　2. ACD　3. AD　4. ABCD　5. ABC

三、判断题

1. √　2. √　3. √　4. ×　5. ×　6. √　7. √　8. √　9. √　10. √　11. √　12. √　13. ×　14. √　15. √　16. ×　17. ×　18. ×

四、简答题

1. 性格是表现在人对现实的态度和惯常的行为方式中的比较稳定的心理特征。

幼儿性格的年龄特征具体表现在：

(1) 活泼好动。活泼好动是幼儿的天性，也是幼儿期儿童性格的最明显特征之一。

(2) 喜欢交往。儿童进入幼儿期后，喜欢和同龄或年龄相近的小伙伴交往。在任何地方，对于大多数孩子来说，可以不经他人特别介绍，孩子之间会很快、自然而然地熟悉起来，并一起做游戏。

(3) 好奇好问。幼儿有着强烈的好奇心和求知欲，这主要表现在探索行为和好奇好问两个方面。

(4) 模仿性强。模仿性强是幼儿期的典型特点，小班幼儿表现尤为突出。幼儿模仿的对象可以是成人也可以是儿童。

(5) 好冲动。幼儿性格在情绪方面的表现就是情绪不稳定、好冲动。

2. 幼儿气质的发展表现在三方面：①幼儿气质具有稳定性；②生活环境可以改变幼儿的气质；③儿童气质影响父母的教养方式。

3. 幼儿的个性评价就是对幼儿个性的某一方面或个性的整体做出的评价。

幼儿教师对幼儿进行个性评价的最好方式就是日常观察记录。对幼儿的行为产生的前因后果作出较详细的记录。最重要的是如何在笼统的或一般性的行为中分辨出孩子们行为上的差异。总的来说，记录并不一定按照固定的规则，每个人可以有自己的创新。

(1) 观察记录的项目。对幼儿观察记录的项目包括幼儿一日生活中的各主要环节，主要包括游戏、午睡、进餐、起床等，同时，对偶然事件的记录也是很重要的。

(2) 观察记录的内容。观察记录应该尽可能详细些，要记录下当时的环境及幼儿行为的整个过程。

(3) 评价。评价要完全依据实际观察，要将幼儿的多次行为综合起来。评价要客观，不能想当然。评价可以有不同形式，但一般来说有如下几项：个性特点、存在的问题及教育建议等。

五、论述题

幼儿期自我意识的发展主要表现在自我评价、自我体验及自我控制的发展三个方面。

(1) 幼儿自我评价发展的主要特点：①主要依赖成人的评价；②自我评价常常带有主观情绪性；③自我评价具有笼统性、片面性和表面性。

(2) 自我体验的发展：幼儿自我体验最明显的特点是受暗示性，成人的暗示对幼儿自我体验的产生起着重要作用。

(3) 自我控制的发展：幼儿自我控制能力的发展主要表现在独立性、坚持性和自制力的发展方面。

六、案例分析题

幼儿期个性的发展是每个人以后成长的基础。如果在此时期形成了良好的个性品质，儿童以后的成长就会更加顺利；如果此时期的发展出现问题，就会影响到儿童的成长，家长和教师对儿童日后的再教育过程就很难，而且对孩子来说，改正其不良个性特点的过程也将会更加痛苦。

从案例可看出，幼儿期的个性对一个人的成长是多么的重要。这也提醒了家长和教师，要注意幼儿良好个性的培养，为儿童的健康成长奠定一个良好的基础。

第十一章 幼儿的社会性发展

【学习目标】

- ◆ 社会性、依恋、同伴关系、亲社会行为的概念；
- ◆ 依恋关系的类型、作用，依恋关系形成的原因；
- ◆ 幼儿道德发展的特点及其影响因素；
- ◆ 幼儿人际关系的发展；幼儿性别行为的发展；
- ◆ 幼儿交往能力的影响因素及幼儿交往能力的培养；
- ◆ 幼儿亲社会行为的形成和发展特点以及幼儿攻击性行为的发展特点和影响因素；
- ◆ 独生子女社会发展中存在的问题及原因。

【知识要点】

- 幼儿的社会性发展
  - 幼儿社会性发展的意义及内容
    - 社会性发展对幼儿发展的意义
    - 幼儿社会性发展的内容
  - 幼儿人际关系的发展
    - 亲子关系的发展
      - 依恋的概念、类型及作用
      - 亲子关系的类型
    - 幼儿同伴关系的发展
      - 同伴交往的特点
      - 同伴交往的作用
      - 幼儿交往能力的培养
  - 幼儿性别行为发展的特点
  - 亲社会行为的发展
    - 儿童亲社会行为的形成
    - 幼儿亲社会行为发展的特点
  - 攻击性的发展
    - 幼儿攻击性行为发展的特点
    - 攻击性行为的影响因素

第一节 幼儿社会性发展的意义与内容

一、社会性发展对幼儿发展的意义

（一）社会性及社会性发展的含义

社会性是作为社会成员的个体为适应社会生活所表现出的心理和行为特征。

社会性发展（也称儿童的社会化）是指儿童从一个自然人，逐渐掌握社会的道德行为规范与社会行为技能，成长为一个社会人，逐渐步入社会的过程。

(二) 社会性发展对幼儿发展的意义

(1) 社会性发展是儿童健全发展的重要组成部分，促进儿童社会性发展已经成为现代教育的最重要目标。

社会性发展、体格发展和认知发展是儿童发展的三大方面。

(2) 幼儿期是儿童社会性发展的重要时期，幼儿社会性发展是儿童未来发展的重要基础。

二、幼儿社会性发展的内容

1. 人际关系的建立

社会性的核心内容就是人际关系。幼儿的人际关系主要包括两方面，一是幼儿与成人的关系，二是幼儿与同伴的关系。

2. 性别行为的发展

3. 亲社会行为的发展

4. 攻击性行为的发展

攻击性行为也称侵犯行为，就是伤害他人或物的行为。

第二节　幼儿人际关系的发展

一、儿童与父母关系 (亲子关系) 的发展

亲子关系有狭义与广义之分。狭义的亲子关系是指儿童早期与父母的情感关系，即依恋；广义的亲子关系是指父母与子女的相互作用方式，即父母的教养态度与方式。

良好的依恋关系对儿童发展的作用主要是通过满足孩子爱的需要 (即希望被人疼爱) 和安全需要 (及觉得有人保护自己) 而实现的。

(一) 依恋关系与依恋行为

依恋是婴儿寻求并企图保持与另一个人亲密的身体和情感联系的一种倾向。

1. 婴儿依恋的发展可以分为三个阶段：

第一阶段 (出生至 3 个月)：无差别社会反应的阶段。

第二阶段 (3~6 个月)：有差别社会反应阶段。

第三阶段 (6 个月 ~3 岁)：特殊情感连接阶段。

2. 儿童依恋行为的类型

尽管所有的婴儿都存在依恋行为，但由于儿童和依恋对象的交往程度、质量不同，儿童的依恋存在不同的类型。一般认为，儿童的依恋行为可以分为三种类型：

◆ 回避型　又称为“无依恋的儿童”。

◆ 安全型　较好的依恋类型。

◆ 反抗型。

3. 早期依恋对儿童发展的影响主要表现在两方面：

◆ 安全的依恋有助于儿童积极的探索。

◆ 婴儿期的依恋质量影响到儿童的同伴关系。

如何培养孩子良好的依恋？

① 父母亲与孩子之间要经常保持身体的接触，如抱孩子，还要适当和孩子一块儿玩耍。同时，父母亲在和孩子接触时，要保持愉快的情绪，高高兴兴地和孩子玩。

② 父母亲对孩子发出的信号要敏感地做出反应，要注意孩子的行为（如哭闹等），并给予一定的关照。

4. 依恋类型形成的原因：婴儿之所以会形成不同的依恋类型，通常与父母的教养方式和婴儿的气质两个因素有关：

首先，婴儿对亲人的依恋方式，主要取决于父母对孩子采取的不同的养育方式。

其次，婴儿的气质是形成不同依恋类型的生物学基础。

父母的教养方式与婴儿的气质对依恋类型的影响，本质上就是环境和遗传对心理发展的影响，这两个因素是相互作用的。

（二）亲子关系类型对幼儿发展的影响

亲子关系通常分为三种：民主型、专制型和放任型。民主型的亲子关系最有益于幼儿个性的良好发展。

二、幼儿同伴关系的发展

（一）2 岁前同伴交往的发展阶段

2 岁前同伴交往的发展分为三个阶段：

第一阶段：物体中心阶段；

第二阶段：简单相互作用阶段；

第三阶段：互补的相互作用阶段。

（二）幼儿游戏中同伴关系的发展特点

3 岁后，幼儿同伴交往的发展特点主要表现在四个方面：

（1）3 岁左右，儿童游戏中的交往主要是非社会性的，儿童以独自游戏或平行游戏为主，幼儿彼此之间没有联系，各玩各的；

（2）4 岁左右，联系性游戏逐渐增多，并逐渐成为主要游戏形式；

（3）5 岁以后，合作性游戏开始发展，同伴交往的主动性和协调性逐渐发展；

（4）幼儿期同伴交往主要是与同性别的儿童交往。

（三）同伴关系对儿童发展的作用

（1）同伴交往可以满足儿童归属和爱的需要以及尊重的需要；

（2）同伴交往可以促进亲社会行为的发展；

（3）同伴交往对儿童的社会适应性及心理健康具有重要影响；

（4）同伴交往可以促进儿童思维的发展。

（四）交往关系中的问题儿童

（1）被忽视型幼儿；

（2）被排斥型幼儿。

（五）影响同伴交往的因素

（1）行为特征：是儿童交往能力的重要体现；

（2）认知能力；

(3) 身体吸引力：幼儿园小朋友在一起活动时，已表现出“以貌取人”的倾向；

(4) 成人的鼓励：在儿童与同伴交往的问题上，成人的鼓励就是教孩子玩，教孩子怎么和他们的同伴玩。

(六) 幼儿交往能力的培养

1. 教会儿童合作，增强儿童的自信感

对那些因为攻击性行为而遭到同伴拒绝的儿童，教师要教他们如何用积极的方式解决冲突；对那些害羞和孤僻的幼儿，可以引导他们与更小的幼儿提前活动，从而增强其交往的信心，提高他们的社会交往能力。

2. 教会儿童游戏，提高儿童的参与度

在游戏中，教师可以通过以下方式来提高幼儿游戏的参与度：

(1) 提供游戏的主题和一些需要的材料；

(2) 用多种方式鼓励儿童参与到游戏中来；

(3) 主动参与儿童的游戏，并担任一个角色；

(4) 针对目标，略作示范。

3. 教会儿童接纳，融洽儿童的同伴关系

教师要帮助被忽略型儿童和被拒绝型儿童积极和适当地对待同伴的参与，接纳他人的加入，帮助他们形成良好的人际关系。

4. 教会儿童表达，培养儿童的积极情感

教师在幼儿园一日活动中应当注意引导幼儿，如说话礼貌、对同伴表示同意和赞赏、微笑、轮流做事(玩)、共享一些东西、互相帮助等，同时，教师自己要亲身示范，以示榜样，以培养幼儿积极的情感。

第三节　幼儿性别行为的发展

一、性别差异

男女之间存在的性别差异主要有这几方面：

(1) 身体、动作和感觉的发展；

(2) 认知的发展；

(3) 社会性和情绪性的发展；

(4) 特殊发展：男孩容易出现学习问题、阅读困难、言语缺陷和情绪问题。

二、性别角色与性别行为

性别角色属于一种社会规范，是对男性和女性行为的社会期望。

性别行为即男女儿童通过对同性别长者的模仿，而形成的自己这一性别所特有的行为模式。

三、幼儿性别行为的发展

幼儿期已经表现出一些性别差异，这种差异明显体现在幼儿的游戏活动中。

第四节　亲社会行为的发展

亲社会行为是指个体帮助或打算帮助其他个体或群体的行为及倾向。包括分享、合作、谦让、援助等。亲社会行为的发展是幼儿道德发展的核心问题。

一、儿童亲社会行为的形成

亲社会行为的形成是以道德认识和道德情感体验的发展为前提的。儿童亲社会行为的发展是儿童的道德认识、道德情感和道德行为的有机结合。

移情是儿童亲社会行为的前提，也可以作为产生亲社会行为的主要动机。移情就是指从他人的角度来考虑问题。

移情的作用：①移情可以使幼儿摆脱自我中心，产生利他思想，从而导致亲社会行为；②移情引起儿童的情感共鸣，产生同情心和羞愧感，幼儿从自身愿望出发，产生降低他人痛苦的动机，增加亲社会行为，降低攻击性行为。

二、幼儿亲社会行为发展的特点

（一）亲社会行为的发生

亲社会倾向在儿童出生后的第一年就可以看到。

（二）分享行为的发展

分享行为是幼儿期亲社会行为发展的主要方面。幼儿分享行为的发展特点：

（1）幼儿的均分观念占主导地位，其中，4~5 岁时分享观念增强，表现为从不会均分到会均分。

（2）幼儿的分享水平受分享物品数量的影响。

（3）当物品在人手一份之外有多余时，幼儿倾向于将多余的那份分给需要的幼儿，非需要的幼儿则不被重视。

（4）当分享对象不同时，幼儿的分享反应也不同。

（5）幼儿更注重于食物，对待这些东西，幼儿的均分反应高，而慷慨反应少；而对玩具，幼儿慷慨反应稍多。

（三）亲社会行为的个别差异

幼儿的亲社会行为存在个别差异。这说明亲社会行为的发展需要适当的引导和教育。

三、亲社会行为中的基本行为规范

3 岁左右的儿童已经在提醒下能遵守游戏和公共场所的规则；知道不经允许不能拿别人的东西，借别人的东西要归还；以及在成人提醒下，爱护玩具和其他物品。

4~5 岁的儿童能够感受到规则的意义，并能基本遵守规则等。

5~6 岁的儿童理解规则的意义，能与同伴协商制定游戏和活动规则等。

成人要根据不同的年龄发展水平，培养幼儿遵守社会中基本的行为规范，促进其亲社会行为的发展。

首先，成人要遵守社会行为规则，为幼儿树立良好的榜样。

其次，结合社会生活实际，帮助幼儿了解基本行为规则或其他行为规则，体会规则的重要性，学习自觉遵守社会规则。

最后，教育幼儿要诚实守信。

四、幼儿道德发展的特点及其影响因素

(一) 幼儿道德的发展具有具体性、他律性、模仿性、情绪性的特点

(1) 具体性。幼儿思维的具体形象的特点，制约了他们的道德发展。他们关于行为的认识是具体的、肤浅的，只能根据人们行为的表面现象和某些外部特点及行为的直接后果来判断行为的好坏。

(2) 他律性。他律性道德占主导地位，幼儿认为道德原则和道德规范是绝对的，来自于外在的权威，不得不服从；判断是非的标准也来自于成人。同时，他们只注意行为的外部结果，而不考虑行为的内部动机。

(3) 模仿性。爱模仿是幼儿的行为特点，社会环境中的道德原型对幼儿的道德发展起着重要的示范作用，通过对榜样行为的模仿，幼儿学习到良好的或不良的道德行为方式。

(4) 情绪性。幼儿的道德行为常受其情绪的影响，他们对道德行为的判断在很大程度上取决于当时个体情绪的满足程度。当情绪满足时就会产生愉快的情绪体验，这时对行为的判断也受到积极情绪的影响，认为是好的，就容易产生共鸣；否则就认为是坏的，甚至产生消极抵制的情绪。

(二) 影响幼儿道德发展的因素

1. 家庭及其父母

家庭是幼儿接触到的最初的社会环境，社会的价值观念、道德规范等都是在第一时间通过父母传递给儿童的，并且，家庭中的各种因素和父母本身的特点都会影响幼儿道德的形成和发展。

2. 游戏及其活动

游戏是幼儿的主导活动，尤其是角色游戏在幼儿社会性认知和社会能力发展中起着重要的作用。

幼儿园的一日活动，更为幼儿良好道德行为的获得提供了机会。

3. 同伴及其交往

同伴交往对儿童道德社会化的影响作用主要体现在：同伴间的相互影响能使儿童形成良好的社会行为习惯；同伴作为一种社会模式榜样影响儿童行为的发展；同伴之间的交往有助于儿童道德情感的形成。

4. 社会榜样

榜样的力量是无穷的。为幼儿提供正面的榜样，是形成儿童道德行为的关键途径。

5. 教师及其影响

儿童道德的他律性特点，表明了周围人对于儿童的重要性，而在这些人当中，教师又有着其特殊性。幼儿从认识老师、喜欢老师到崇拜老师、模仿老师，老师是“一切美好的化身”，儿童道德教育“润物细无声”的功效就是从这里开始的。

第五节　攻击性行为的发展

一、幼儿攻击性行为的发展特点

(1) 概念：攻击性行为是一种不受欢迎但却经常发生的行为。
(2) 特点：
◆ 攻击性行为频繁，主要表现为为了玩具和其他物品而争吵、打架。
◆ 幼儿更多依靠身体的攻击，而不是言语的攻击。
◆ 幼儿的攻击性行为存在明显的性别差异。

二、攻击性行为的影响因素

(1) 父母的惩罚；
(2) 榜样；
(3) 强化；
(4) 挫折(攻击性行为产生的直接原因主要是挫折)。

第六节　独生子女社会性发展问题

一、独生子女社会性发展中存在的问题

我国独生子女比较普遍存在的问题有：①任性；②依赖性强；③坚持性差；④自私；⑤不合群；⑥胆小。

二、形成原因

形成独生子女社会性发展的问题的主要原因是家庭的教养态度和方式。独生子女家庭中典型的教养方式是溺爱和过分保护。

独生子女的教育必须注意以下问题：
(1) 给孩子充分的活动的自由，培养独立性。
(2) 要让孩子知道行为的限度，不能无原则地满足不合理要求，培养孩子的规则意识。
(3) 给孩子提供充分的同伴交往机会，使孩子逐渐学会与同伴友好交往。
(4) 幼儿园也要从上述三方面加强对独生子女的教育，家园配合，促进独生子女的健康发展。

【例题解析】

1. [单项选择题]攻击性行为产生的直接原因主要是(　　)。
A. 榜样　　B. 强化　　C. 父母的惩罚　　D. 挫折
【解析】D。本题考查攻击性行为的影响因素。引发攻击性行为的因素有：父母的惩罚；

榜样；强化；挫折。攻击性行为产生的直接原因主要是挫折。

2. [多项选择题]亲子关系通常分成三种，即(　　)。

A. 安全型　　B. 民主型　　C. 专制型　　D. 放任型

【解析】BCD。本题考查亲子关系的类型。亲子关系通常分为三种：民主型、专制型和放任型。。

3. [判断题]依恋是儿童亲社会行为产生的前提，也可以作为产生亲社会行为的主要动机。(　　)

【解析】错误。本题考查儿童亲社会行为的形成。亲社会行为的形成是以道德认识和道德情感体验的发展为前提的。儿童亲社会行为的发展是儿童的道德认识、道德情感和道德行为的有机结合。移情是儿童亲社会行为的前提，也可以作为产生亲社会行为的主要动机。移情就是指从他人的角度来考虑问题。

4. [简答题]幼儿性别行为的发展特点是怎样的？

【解析】幼儿性别行为的发展有这些特点：

① 儿童对玩具的偏爱在很早的年龄就有了性别差异。通常男孩在所有的玩具中更喜欢卡车和小汽车，而女孩则更喜欢洋娃娃或柔软的玩具。

② 儿童对同性别玩伴的偏好也出现得很早。

③ 幼儿期已经开始有了个性方面比较明显的性别差异，而且这种差异在不断发展。

5. [论述题]简述独生子女社会性发展中存在的问题及形成原因。

【解析】独生子女社会性发展中存在的问题主要有：

① 任性：孩子想做什么就做什么，想要什么家长就得给什么。如果要求得不到满足，就大哭大闹，直到达到目的为止。

② 依赖性强：在家里，孩子主要依赖父母，独立性差，自理能力差，饭来张口，衣来伸手。

③ 坚持性差：做什么事时，坚持的时间很短，没有毅力，注意力也不集中。

④ 自私：只考虑自己，不顾别人。有好吃的、好玩的，只想一个人独占。

⑤ 不合群：不愿意，也不会和小伙伴友好相处，经常是一个人孤孤单单地玩或看别的小朋友玩。

⑥ 胆小：离开家到外面时，不敢自己独立去做什么，表现出胆怯和退缩。

形成原因：独生子女社会性发展中存在问题的主要原因，是家庭的教养态度和方式。独生子女家庭中典型的教养方式是溺爱和过分保护。

溺爱表现为对孩子的一些不合理要求无原则地满足；过分保护，表现为一切包办代替，束缚孩子的活动、交往自由。也就是没有处理好自由和矛盾的关系，该给孩子自由的行为(如孩子的游戏、与同伴的交往等)没有给，而该限制的行为也没有限制。导致孩子不懂道理，缺乏是非观念，缺乏自信及独立行为的能力。

6. [案例分析题]小贝今年5岁，已经上大班了。爸爸妈妈对他总是百依百顺，要什么给什么。虽然家里的玩具很多，但在幼儿园里，小贝看到别人玩什么，他就要什么。因此，他经常和小朋友打架。

请你根据所学知识，分析小贝行为的特点及其成因。

【解析】(1)小贝行为的特点：小贝在社会性发展上的存在问题有：任性、依赖性强、不合群、自私。

(2) 原因：形成小贝这种行为的原因主要是家庭教养的态度和方式。具体原因是溺爱。爸爸妈妈对他总是百依百顺，这使他养成了任性、依赖性强、自私的不良特点。

【达标测试】

一、单项选择题

1. (　　)是儿童身心健全发展的重要组成部分，它与“体格发展”“认知发展”共同构成儿童发展的三大方面。

A. 感知觉发展　B. 社会性发展　C. 智力发展　D. 思维发展

2. (　　)直接影响到儿童个性品质的形成，是儿童人格发展的最重要影响因素。

A. 幼儿与父母的关系　B. 幼儿与同伴的关系

C. 父母的教养态度和方式　D. 环境和教育

3. 三种依恋类型中，(　　)较好的依恋类型。

A. 回避型　B. 反抗型　C. 依赖型　D. 安全型

4. 幼儿游戏中社会性交往水平最高的是(　　)。

A. 平行游戏　B. 联系性游戏　C. 合作性游戏　D. 独自游戏

5. 儿童之间绝大多数的社会交往是在(　　)中发生的。

A. 游戏　B. 学习　C. 劳动　D. 自我服务

6. 幼儿道德发展的核心问题是(　　)。

A. 亲子关系的发展　B. 同伴关系的发展　C. 性别角色的发展　D. 亲社会行为的发展

7. (　　)是儿童亲社会行为产生的前提。

A. 情感　B. 态度　C. 认知　D. 移情

8. 下面不属于影响儿童攻击性行为因素的是(　　)。

A. 榜样　B. 强化　C. 移情　D. 挫折

9. 在母亲离开时无特别紧张或忧虑的表现，在母亲回来时，欢迎母亲的到来，但这只是短暂的。这种孩子可能属于(　　)依恋类型。

A. 回避型　B. 安全型　C. 反抗型　D. 迟钝型

10. 研究证明，(　　)的亲子关系最有益于幼儿个性的良好发展。

A. 回避型　B. 安全型　C. 民主型　D. 专制型

二、多项选择题(多选、漏选、错选均不得分)

1. 亲社会行为是指个体帮助或打算帮助他人的行为及倾向，具体包括(　　)等。

A. 分享　B. 合作　C. 援助　D. 谦让

2. 儿童的依恋行为可分为三种类型(　　)。

A. 回避型　B. 依赖型　C. 安全型　D. 反抗型

3. 儿童的亲社会行为的发展是儿童的(　　)的有机结合。

A. 道德认识　B. 道德情感　C. 道德发展　D. 道德行为

4. 亲社会行为的形成是以(　　)体验的发展为前提的。

A. 道德认识　　B. 道德情感　　C. 道德行为　　D. 道德发展

5. 幼儿社会性发展的内容包括(　　)

A. 人际关系的建立　　B. 亲社会行为的发展

C. 性别行为的发展　　D. 攻击性行为的发展

三、判断题

1. 幼儿期是儿童社会性发展的重要时期。(　　)
2. 良好的亲子关系是幼儿健康发展的重要前提。(　　)
3. 六七个月的孩子"认生"是孩子胆子比较小的表现。(　　)
4. 不同的亲子关系对幼儿的个性有不同的影响。(　　)
5. 小女孩应该文静，不能淘气。(　　)
6. 亲社会行为是在移情的基础上产生同情心而唤起的行为。(　　)
7. 对待攻击性强的孩子的最好办法就是惩罚。(　　)
8. 独生子女是"问题儿童"。(　　)
9. 小孩应该多跟小伙伴玩。(　　)
10. 幼儿社会性发展是孩子从一个自然人发展成为一个社会人的过程。(　　)

四、简答题

1. 什么是依恋？依恋有哪几种类型？

2. 早期依恋对幼儿的健康发展有哪些作用？如何培养孩子良好的依恋呢？

3. 什么是社会性发展？幼儿社会性发展的内容有哪些？

4. 幼儿同伴交往有怎样的发展特点？同伴交往对儿童有什么作用？

5. 如何帮助被忽视型和受排斥型幼儿改善同伴关系？

6. 游戏中幼儿的性别行为主要表现在哪些方面？

7. 什么是亲社会行为？亲社会行为包括哪些内容？

8. 什么是移情？移情对幼儿心理发展有何作用？

9. 什么是攻击性行为？幼儿攻击性行为的发展有什么特点？

10. 如何培养幼儿的基本行为规范？

五、论述题

简述影响儿童攻击性行为的因素主要有哪些。

六、案例分析题

张强是某幼儿园大班的孩子，在该幼儿园里，他是出了名的“身强体壮”的顽皮鬼，和其他小朋友矛盾不断，今天上午又挨了老师的一顿狠批。事情是这样的：前几天，张强所在的班刚转来了一个小朋友李可，李可个子也比较高，这样，张强和李可成为该班仅有的两个“高个”。张强主动找李可一块玩，可李可不太喜欢动，尤其不爱和张强这样风风火火的孩子玩。今天上午刚到班里，张强又找李可教他“玩魔术”，李可不同意，这样张强就动起手来了……

在老师眼中，张强总是这样：总是主动和小朋友接触，可好景不长，一来二去，也就没人愿意和他玩了。然而，他自己仍别出心裁地玩得有滋有味。

据此案例回答问题：

(1) 张强的行为及他和小朋友们的关系说明了什么？请用幼儿社会性发展的有关知识回答。

(2) 这种儿童的表现是什么？怎样帮助他处理好和伙伴的关系？

【参考答案】

一、单项选择题

1. B　2. C　3. D　4. C 5. A　6. D　7. D　8. C　9. A　10. C

二、多项选择题

1. ABCD　2. ACD　3. ABD　4. AB　5. ABCD

三、判断题

1. √　2. √　3. ×　4. √　5. ×　6. √　7. ×　8. ×　9. √　10. √

四、简答题

1. 依恋是婴儿寻求并企图保持与另一个人亲密的身体和情感联系的一种倾向。
依恋有三种类型：回避型、安全型和反抗型。

2. 早期依恋对幼儿健康发展的作用：①安全的依恋有助于儿童积极的探索；②婴儿期

的依恋质量影响到儿童的同伴关系。

健康的依恋有助于儿童个性的发展，要培养良好的依恋，就要做到：

① 父母亲与孩子要保持经常的身体接触，如抱孩子，和孩子一块儿玩耍。同时，父母亲在和孩子接触时，要保持愉快的情绪，高高兴兴地和孩子玩。

② 父母亲对孩子发出的信号要敏感地做出反应，要注意孩子的行为，并给予一定的关照。

3. 社会性发展(也称儿童的社会化)是指儿童从一个自然人逐渐掌握社会的道德行为规范与社会行为技能，成长为一个社会人，逐渐步入社会的过程。

社会性发展的内容包括：

① 人际关系的建立，社会性的核心内容就是人际关系。

② 性别行为的发展。

③ 亲社会行为的发展，亲社会行为的发展是幼儿道德发展的核心。

④ 攻击性行为的发展。

4. 幼儿同伴交往的发展特点主要表现在四个方面：

① 3 岁左右，儿童游戏中的交往往往是非社会性的，儿童以独自游戏或平行游戏为主。幼儿彼此之间没有联系，各玩各的。

② 4 岁左右，联系性游戏逐渐增多，并逐渐成为主要游戏方式。在游戏中，幼儿彼此之间有一定联系。

③ 5 岁以后，合作性游戏开始发展，同伴交往的主动性和协调性逐渐发展。

④ 幼儿间同伴交往主要是与同性别的儿童交往。

同伴交往对儿童发展的作用：

① 同伴交往可以满足儿童归属和爱的需要以及尊重的需要。

② 同伴交往可以促进亲社会行为的发展。

③ 同伴交往对儿童的社会适应性及心理健康具有重要影响。

④ 同伴交往可以促进儿童思维的发展。

5. 帮助被忽视型和受排斥型幼儿改善同伴关系的方法：

首先，要使他们了解受欢迎儿童的性格特点及自身存在的问题，帮助他们学习与他人友好相处。

同时，教师要引导其他幼儿发现这些幼儿的长处，及时鼓励和表扬，提高这些幼儿在同伴心目中的地位，通过有效的教育活动促进儿童交往。

6. 游戏中幼儿的性别行为主要表现在两个方面：

① 儿童对玩具的偏爱在很早的年龄就有了性别差异。男孩在所有玩具中更喜欢卡车和小汽车，而女孩则喜欢洋娃娃或柔软的玩具。

② 儿童对同性别玩伴的偏好也出现得很早。

7. 亲社会行为是指个体帮助或打算帮助其他个体或群体的行为及倾向。包括分享、合作、援助、谦让等。

8. 移情就是指从他人角度考虑问题。它是儿童亲社会行为产生的前提和主要动机。

移情的作用主要表现在：

① 移情可以使幼儿摆脱自我中心，产生利他思想，从而导致亲社会行为；

② 移情可以引起儿童的情感共鸣，产生同情心和羞愧感，增加亲社会行为，降低攻击性行为。

9. 攻击性行为是一种不受欢迎但却经常发生的行为。幼儿攻击性行为的特点有：

① 幼儿攻击性行为频繁，主要表现为为了玩具和其他物品而争吵、打架。

② 幼儿更多依靠身体的攻击，而不是言语的攻击。

③ 幼儿的攻击性行为存在明显的性别差异。男孩比女孩更多地怂恿和更多地卷入攻击性事件。

10. 成人要根据不同的年龄发展水平，培养幼儿遵守社会中基本的行为规范，促进其亲社会行为的发展。

首先，成人要遵守社会行为规则，为幼儿树立良好的榜样。

其次，结合社会生活实际，帮助幼儿了解基本行为规则或其他行为规则，体会规则的重要性，学习自觉遵守社会规则。

最后，教育幼儿要诚实守信。

五、论述题

影响儿童攻击性行为的因素主要有：

① 父母的惩罚。研究发现，攻击型男孩的父母对他们惩罚得多，而且即使他们行为正确也经常施以惩罚。惩罚对于非攻击型儿童能抑制攻击性，但对于攻击型的儿童则不能抑制攻击性，反而会加重攻击性行为。

② 榜样。电视上的攻击性榜样能增加儿童的攻击性行为。实验表明，模仿是儿童攻击性行为产生的一个原因，看过攻击性行为的儿童更容易产生攻击性行为。另外，父母打架对孩子也有影响。

③ 强化。在孩子出现攻击性行为时，父母不加制止或听之任之，就等于强化了孩子的侵犯行为。同伴之间也能学会攻击性行为，如果一个孩子成功地引用了攻击策略来控制同伴，可以加强和增加他以后的攻击性。

④ 挫折。攻击性行为产生的直接原因主要是挫折。一个受挫折的孩子很可能比一个心满意足的孩子更具攻击性。

六、案例分析题

(1) 案例中张强的行为及他和小朋友的关系说明：在社会性发展中，张强在同伴交往方面属问题儿童，具体属于问题儿童中的被排斥性幼儿，具有攻击性。

(2) 这类儿童的表现是：体质强、力气大，行为表现为消极、不友好，积极行为很少；能力较强、聪明、会玩、性格外向、脾气急躁、容易冲动、过于活泼好动、喜欢交往，在交往中积极主动但又很不善于交往；对自己的社交地位缺乏正确评价，往往估计过高。对没有朋友一起玩不太在乎。

帮他处理和同伴关系的方法：①要使张强了解受欢迎儿童的性格特点及自身存在的问题，帮助他学习与他人友好相处的方法；②教师要引导其他幼儿发现张强的长处，及时鼓励和表扬，提高他在同伴心目中的地位。通过有效的教育活动达到促进儿童交往、改善同伴关系的目的。

第十二章　幼儿活动心理

【学习目标】

- 幼儿游戏的发展阶段；
- 游戏对幼儿心理发展的价值；
- 幼儿美术活动包含的内容；
- 幼儿数学活动中的心理特点；
- 幼儿初步数概念的发展；
- 幼儿认识平面几何图形的顺序。

【知识要点】

- 幼儿活动心理
  - 幼儿游戏活动心理
    - 幼儿游戏的发展
    - 游戏的性别差异
    - 游戏对幼儿心理发展的价值
  - 幼儿美术活动心理——幼儿绘画发展的阶段
    - 涂鸦期
    - 象征期
    - 概念化期
    - 写实倾向期
  - 幼儿音乐活动心理——幼儿感知和理解音乐的特点
  - 幼儿数学活动心理
    - 幼儿学习数学的思维特征(四级思维水平)
    - 幼儿数学学习中几个重要概念的发展
    - 幼儿初步数概念的发展
    - 幼儿对几何形体认识的发展

第一节　幼儿游戏活动心理

一、幼儿游戏的发展

(1) 从幼儿社会性行为的发展来看，可将幼儿游戏的发展分为四个阶段：
①独自游戏；②平行游戏；③联合游戏；④合作游戏。
(2) 从幼儿认知能力的发展来看，可将幼儿游戏分为四种：
①练习性游戏；②象征性游戏；③建构游戏；④规则游戏。
(3) 从游戏行为的内在关系来看，幼儿游戏可划分为五个阶段：

①未分化型；②累积型；③连续型；④分节型；⑤统一型。

二、游戏的性别差异

一般来说，在2岁以内，男孩和女孩在游戏上还没有表现出性别上的差异。但一过3岁，到了4、5岁时，男孩和女孩在游戏方式上的差异就很大了。

三、游戏对幼儿心理发展的价值

(一) 适应幼儿心理发展的需要

游戏是幼儿期的主导活动。游戏不但能给幼儿带来乐趣，而且也是培育幼儿走向健康人格发展的一种方法。

在游戏活动中，幼儿可以用虚构的物品、动作、语言、情节等去替代实际的活动，在假想的情境中投入地从事自己所向往的活动，用自己独特的方式方法比较容易地克服真实活动中许多条件的限制，从而较好地解决实际能力与心理需求之间的矛盾，促进其心理发展。

(二) 发展幼儿的智能

① 游戏时，幼儿会不断地移动、触摸、观察、聆听，这些感官刺激有助于培养幼儿的注意力、观察力和判断力，加深幼儿对知识的理解，巩固记忆。

② 游戏能推动幼儿去思考和创作。同时，游戏的情节、行动方式等都没有固定的模式，这种游戏的假象性为幼儿的想象提供了广阔的天地，使他们的创造力得到极大的发展。

③ 游戏中的幼儿都要用语言来交流思想，商讨玩法，大多数游戏对提高幼儿语言能力和社交能力非常有效。

④ 在游戏中，幼儿也会不断探索，有助于他们认识环境，解决问题。游戏还可以使幼儿无形中学到很多概念，这些都有助于幼儿智能的发展。

(三) 平衡幼儿的情绪

游戏使幼儿得到情绪平衡的机会。在游戏中，幼儿可以发泄剩余的精力，无拘无束地玩，尽情地表达个人的感受和情绪，从而忘掉烦恼，心情舒畅。这有助于幼儿形成健康的性格。同时，游戏也能发展幼儿的美感。

(四) 发展幼儿的社会性行为

通过游戏，幼儿接触到其他不同年龄、不同性格的幼儿，从别人的行为和说话中可以了解自我。在游戏中，可使幼儿学会如何分工和适应群体生活，体验到分享、公正、自律、诚实等道德行为和态度，从小就培养起良好的公民意识和道德观念。

第二节　幼儿美术活动心理

一、幼儿绘画能力的发展

儿童绘画发展中有几个明显的阶段：

1. 涂鸦期(1岁半~4岁)

涂鸦分三种：第一种是无意识涂鸦；第二种是有控制的涂鸦；第三种是命名的涂鸦。

2. 象征期(约4~5岁)

3. 概念化期(约5~7岁)

(1) 观察：采用强调式的表现手法。

(2) 形态：采用透明式和展开式的表现手法。

(3) 色彩：从完全主观地使用色彩到根据需要使用色彩。

(4) 比例：从不协调到初步协调。

(5) 空间：从基底线到三维概念的表达。

基底线的发展存在四种不同的水平：第一种水平，单一的基底线阶段；第二种水平，边缘基底线阶段；第三种水平，多基底线阶段；第四种水平，模糊的基底线阶段。

(6) 线条：从纯粹的线迹到空间的表达。

(7) 构图：从主观表达到审美需要。

(8) 心境：心随画转，形露于色。

4. 写实倾向期

二、黏土造型(泥工活动)的发展

幼儿黏土造型的发展过程大致和幼儿的绘画发展阶段一样。

幼儿黏土造型的发展阶段：①无秩序阶段(约1.5岁至4岁)；②图式造型阶段。

三、纸工造型的发展

在折纸方面，幼儿很少有独出心裁的造型活动，大都以成人所教给的折纸为满足。

剪纸大体上与折纸一样。不过因为需要使用剪刀，儿童开始这项活动一般要在3岁以后。5岁以后，幼儿开始剪出整齐的物体形状。

第三节　幼儿音乐活动心理

一、幼儿感知和理解音乐的特点

一般而言，小班幼儿开始能自发地倾听环境中的各种声音并主动地分辨和描述这些声音。中班幼儿能从熟悉的音乐作品中获得初步的音乐概念，并能把它运用到性质相同但没听过的音乐作品中。大班幼儿已开始懂得音乐作品是表达一定思想内容的。

二、幼儿音乐表现方式的发展

(一) 唱歌能力的发展

①对歌词的听辨、理解与记忆；②音域的年龄差异；③对节奏的把握；④对音准的把握；⑤对呼吸技巧的把握；⑥表现技能的发展。

(二) 韵律活动能力的发展

幼儿韵律活动能力的发展大致经历了三个阶段：

第一阶段：韵律动作与音乐不合拍。

第二阶段：注意听音乐，尽量使自己的动作合拍。

第三阶段：动作与音乐合拍，且轻松自如。

(三)演奏打击乐器能力的发展

小班幼儿开始用探索的方法来掌握同一乐器的不同演奏方法,中大班幼儿能够逐步学会使用小肌肉动作演奏乐器。

三、幼儿音乐活动中合作与协调性的发展

合作与协调能力体现在幼儿音乐活动的各个方面:

(1)歌唱活动中的合作与协调;

(2)韵律活动中的合作与协调;

(3)乐器演奏活动中的合作与协调。

第四节 幼儿数学活动心理

一、数学的特点与幼儿学习数学的思维特点

幼儿在理解、掌握数、量、形等方面的概念时,大致具有以下四级思维水平:

第一级:实物操作水平;

第二级:直观形象操作水平;

第三级:表象操作水平;

第四级:符号操作水平。

二、幼儿数学学习中几个重要概念的发展

(1)一一对应概念的发展;

(2)守恒概念的发展;

(3)类包含概念的发展;

(4)排序能力的发展。

三、幼儿初步数概念的发展

(一)小班:学会计数,初步理解数的实际意义

1. 掌握计数的过程

小班幼儿计数能力的发展,一般要经过三个阶段:口头说数→按物点数→说出点数。

2. 影响幼儿计数的因素

(1)计数对象的性质影响幼儿计数的水平;

(2)计数的方式影响幼儿计数的水平;

(3)计数对象呈现的方式,也影响幼儿计数的水平;

(二)中班:计数能力进一步巩固,初步数概念基本形成。

(1)计数能力的发展;

(2)能初步理解相邻两数之间的关系;

(3)初步理解数的守恒;

(4)序数概念的发展;

(5) 认读10以内阿拉伯数字。

(三) 大班：进一步认识数的关系，数群概念初步发展

(1) 能理解相邻三个数及其关系；

(2) 能理解10以内自然数列的等差关系；

(3) 能按群计数；

(4) 初步掌握数的组成。

四、幼儿对几何图形认识的发展

(1) 认识各种几何形体的顺序：

① 先平面后立体。

② 认识平面图形的顺序：

圆形→正方形→三角形→长方形→半圆形→椭圆形→梯形等。

③ 认识立体图形的顺序：

球体→正方体→圆柱体→长方体→圆锥体。

(2) 幼儿对形、体的知觉，一般经历配对→指认→命名的过程。

(3) 幼儿对形、体与实物的联系的认识，一般经历将形体与实物等同→将形体与实物比较→将形体作为区分物体形状的标准这样一个过程。

(4) 幼儿感知形体方法的发展：

① 视觉方面：3岁幼儿认识形体时往往是粗略的，草率的；4岁幼儿认识形体时只注意到图形的内部；5岁幼儿能注意到图形的主要部分。

② 触摸方面：3岁幼儿触摸形体时，手的动作只是去抓握物体而不是触摸；4岁幼儿则用一只手掌和手指的根部触摸，指尖不参与触摸；5岁幼儿开始用两只手触摸物体。

【例题解析】

1. [单项选择题]幼儿认识平面图形的顺序是(　　)。

A. 正方形→长方形→三角形→圆形　　B. 圆形→三角形→正方形→长方形

C. 三角形→正方形→长方形→圆形　　D. 圆形→正方形→三角形→长方形

【解析】D。本题考查幼儿认识平面图形的顺序。认识平面图形的顺序为：圆形→正方形→三角形→长方形→半圆形→椭圆形→梯形等。

2. [多项选择题]下列游戏行为中，属于象征性游戏的是(　　)。

A. 幼儿用开车的动作代替汽车　　B. 幼儿用“呜—呜—”的声音代替刮风

C. 幼儿用接电话的动作代替接电话　　D. 幼儿用积木搭建房子

【解析】ABC。本题考查幼儿象征性游戏的特点。幼儿的象征性游戏表现为运用“替代物”，以假想的情景和行动方式将现实生活和自己的愿望反映出来。最初，幼儿使用与实物形似的替代物；到中班时，幼儿开始使用与实物形似性较低的替代物；到了幼儿晚期，幼儿在游戏中开始表现出脱离实物，完全凭借想象以语言或动作来代替物品。如用接电话的动作代替“电话”。

3. [判断题]在幼儿的歌唱活动中，幼儿最难掌握的是节奏。(　　)

【解析】错误。本题考查幼儿唱歌能力的发展。有研究表明，在幼儿的歌唱活动中，幼儿最容易掌握的是歌词，节奏次之，速度第三，呼吸第四，最难掌握的是音准。

4. [简答题]在幼儿的数学活动中，幼儿的思维特点是怎样的?

【解析】幼儿在理解、掌握数、量、形等方面的概念时，大致具有以下四级思维水平：第一级：实物操作水平。即幼儿是在操作实物的过程中来认识数、形关系的，这适合于幼儿直觉行动思维的特点。第二级：直观形象操作水平。即幼儿是利用图片或幻灯等直观形象操作来认识数、形关系的，这适合于幼儿较低级水平的具体形象思维的特点。第三级：表象操作水平。即幼儿能利用头脑中的表象而非直观形象的操作来认识数、形关系，这适合于幼儿较高级水平的具体形象思维的特点。第四级：符号操作水平。即幼儿能利用抽象数概念的操作来认识数、形关系，这适合于幼儿末期抽象逻辑思维萌芽的表现。

5. [案例分析题]幼儿园小班的老师正在教小朋友学点数。老师拿了五支彩笔，让晓晓数一数有几支。晓晓边数边重复说："1支，1支……"，数完后，老师问："一共几支彩笔?"晓晓回答："不知道。"

请用所学知识对晓晓的行为进行分析。

【解析】本题考查的是幼儿初步数概念的发展。小班幼儿计数能力的发展，一般要经过如下三个阶段：口头说数→按物点数→说出点数。在"按物点数"这一阶段，小班幼儿很容易出现手口不一致的现象，所以晓晓在数彩笔时会边数边重复"1支，1支……"。而从"按物点数"到"说出点数"，需要经历一个比较困难的发展过程，所以晓晓的回答是"不知道"。

【达标测试】

一、单项选择题

1. 幼儿音乐活动的主要目的是让孩子(　　)。

A. 为成为音乐人才打基础

B. 掌握音乐活动的技能技巧

C. 唱得更好，跳得更美

D. 自由表达自己对世界认识和内心的情感体验

2. 运用"替代物"，以假想的情景和行动方式将现实生活和自己的愿望反映出来，这是(　　)。

A. 练习性游戏　　B. 象征性游戏　　C. 建构游戏　　D. 规则游戏

3. 小班幼儿计数能力的发展，一般要经历三个阶段，即(　　)。

A. 口头说数→按物点数→说出总数　　B. 按物点数→说出总数→口头说数

C. 口头说数→说出总数→按物点数　　D. 按物点数→口头说数→说出总数

4. 幼儿对形、体的知觉，一般经历(　　)的过程。

A. 命名→指认→配对　　B. 指认→命名→配对

C. 配对→命名→指认　　D. 配对→指认→命名

5. 下列不属于规则游戏的是(　　)。

A. 用积木搭房子　　B. 体育游戏　　C. 数学游戏　　D. 智力游戏

6. 从幼儿社会性行为的发展来看，可以将幼儿游戏的发展分为四个阶段，即：独自游戏、平行游戏、联合游戏和(　　)。

A. 规则游戏　　B. 合作游戏　　C. 练习游戏　　D. 建构游戏

7. 小班幼儿一般可唱出(　　)音。

A. 2~3个　　B. 3 ~4个　　C. 4~5个　　D. 5 ~6个

8. 幼儿的音乐能力包括(　　)两方面。

A. 感受音乐与表达音乐　　B. 感受音乐与理解音乐

C. 理解音乐与表达音乐　　D. 感受、理解音乐与表达音乐

9. 从游戏行为的内在关系来看，幼儿游戏可划分为五个阶段，即(　　)。

①未分化型　②累积型　③连续型　④分节型　⑤统一型

A. ①②③④⑤　　B. ①④②③⑤　　C. ①③②④⑤　　D. ①④③②⑤

10. 幼儿数学思维在(　　)水平时，开始出现抽象逻辑思维的萌芽。

A. 实物操作　　B. 直观形象操作　　C. 表象操作　　D. 符号操作

11. 大约从(　　)开始，在幼儿的绘画中就有了写实倾向的萌芽。

A. 4岁　　B. 5岁　　C. 6岁　　D. 7岁

12. 幼儿数概念基本形成是在(　　)。

A. 小班　　B. 中班　　C. 大班　　D. 小学

二、多项选择题

1. 幼儿在理解、掌握数、量、形等方面的概念时，大致具有四级思维水平：即(　　)。

A. 实物操作水平　　B. 直观形象操作水平

C. 表象操作水平　　D. 符号操作水平

2. 从幼儿认知能力的发展来看，可将幼儿游戏分为四种，即练习性游戏、象征性游戏、(　　)。

A. 规则游戏　　B. 合作游戏　　C. 联合游戏　　D. 建构游戏

3. 关于绘画象征期儿童心理发展的特点，下列说法正确的是(　　)。

A. 象征期幼儿的绘画能力发展很快　　B. 幼儿经常边画边为自己的画命名

C. 幼儿经常夸大他认为最重要的部分　　D. 幼儿更注重细节部分

4. 幼儿概念化期，绘画的独特基本特征有(　　)。

A. 现实和非现实交织在一起　　B. 以自我为中心

C. 画出的人的模样、轮廓大致相似　　D. 对空间关系还不理解

三、判断题

1. 幼儿看似在一块儿玩，但仍是单独做游戏，各自玩着自己的玩具，彼此没有交流。把这种游戏称为平行游戏。(　　)

2. 幼儿心理的发展，主要是在游戏活动中完成的。(　　)

3. 一一对应概念的形成，是幼儿学数的基本心理准备。(　　)

4. 幼儿在学习计数时，到大班才能克服手口不一致的现象。(　　)

5. 游戏是培养幼儿走向健康人格发展的一种方法。(　　)

6. 幼儿期最普遍的游戏形式是联合游戏。 ( )
7. 幼儿在概念化期开始逐渐形成自己的"风格"。 ( )
8. 幼儿最初感知的音乐在他们的头脑中引起的反映仅是好听，没有任何意义。 ( )

四、简答题

1. 从幼儿社会性行为的发展看，可将幼儿游戏分成哪几个阶段？

2. 从幼儿认知能力的发展看，可将幼儿游戏分为哪几种？

五、论述题

论述游戏对幼儿心理发展的价值

六、案例分析题

倩倩和表姐洋洋差半岁，同时上了幼儿园小班。由于洋洋的爸爸妈妈工作忙，不久她被送到了小镇上奶奶家。小镇幼儿园的老师非常强调知识学习，一年后，洋洋已经能认许多字了，而倩倩却整天沉浸在游戏中，几乎不用学习，一个字也不认得。爸爸妈妈开始为此担心，怕幼儿园这样的教学会影响倩倩今后的学习。

你觉得倩倩父母的担心有必要吗？为什么？

【参考答案】

一、单项选择题

1. D　2. B　3. A　4. D　5. A　6. B　7. D　8. D　9. A　10. D　11. D　12. B

二、多项选择题

1. ABCD　2. AD　3. ABC　4. ABCD

三、判断题

1. √　2. √ 3. √ 4. ×　5. √　6. ×　7. ×　8. √

四、简答题

1. 从幼儿社会性行为的发展看，可将幼儿游戏的发展分成四个阶段：独自游戏、平行游戏、联合游戏和合作游戏。

2. 从幼儿认知能力的发展看，可将幼儿游戏分为四种：练习性游戏、象征性游戏、建构游戏和规则游戏。

五、论述题

游戏是幼儿期的主导活动。游戏不但能给幼儿带来乐趣，而且也是培育幼儿走向健康人格发展的一种方法。游戏对幼儿心理发展的价值包括：

（1）适应幼儿心理发展的需要

在游戏活动中，幼儿可以用虚构的物品、动作、语言、情节等去替代实际的活动，在假想的情境中投入地从事自己所向往的活动，用自己独特的方式方法比较容易地克服真实活动中许多条件的限制，从而较好地解决实际能力与心理需求之间的矛盾，促进其心理发展。

（2）发展幼儿的智力

① 游戏时，幼儿会不断地移动、触摸、观察、聆听，这些感官刺激有助于培养幼儿的注意力、观察力和判断力，加深幼儿对知识的理解，巩固记忆。

② 游戏能推动幼儿去思考和创作。同时，游戏的情节、行动方式等都没有固定的模式，这种游戏的假象性为幼儿的想象提供了广阔的天地，使他们的创造力得到极大的发展。

③ 游戏中的幼儿都要用语言来交流思想，商讨玩法，大多数游戏对提高幼儿语言能力和社交能力非常有效。

④ 在游戏中，幼儿也会不断探索，有助于他们认识环境，解决问题。游戏还可以使幼儿无形中学到很多概念，这些都有助于幼儿智能的发展。

（3）平衡幼儿的情绪

游戏使幼儿得到情绪平衡的机会。在游戏中，幼儿可以发泄剩余的精力，无拘无束地玩，尽情地表达个人的感受和情绪，从而忘掉烦恼，心情舒畅。这有助于幼儿形成健康的性格。同时，游戏也能发展幼儿的美感。

(4) 发展幼儿的社会性行为

通过游戏，幼儿接触到其他不同年龄、不同性格的幼儿，从别人的行为和说话中可以了解自我。在游戏中，可使幼儿学会如何分工和适应群体生活，体验到分享、公正、自律、诚实等道德行为和态度，从小就培养起良好的公民意识和道德观念。

六、案例分析题

倩倩父母的担心是没有必要的。

因为游戏是幼儿生活的一部分，“生活即游戏，游戏即生活”。游戏是幼儿认识世界的途径，游戏不但能给幼儿带来乐趣，而且还是培育幼儿走向健康人格发展的一种方法。幼儿心理的发展，主要是在游戏活动中完成的。具体而言，游戏的重要作用有：

① 适应幼儿心理发展的需要；

② 发展幼儿的智力；

③ 平衡幼儿的情绪；

④ 发展幼儿的社会性行为。

可见，游戏对幼儿心理发展有着非常重要的作用。所以，倩倩父母的担心是完全没有必要的。

第四编　模拟测试

模拟测试题(一)

一、单项选择题(每小题 2 分，共 20 分)

1. 心理是人脑对(　　)。

A. 客观现实像镜子一样的反映　　B. 客观现实被动的反映

C. 客观现实能动的反映　　D. 客观现实原原本本的反映

2. 自我意识的真正出现是和儿童(　　)相联系的。

A. 动作的发展　　B. 情感的发展　　C. 言语的发展　　D. 认识的发展

3. 在幼小的儿童身上常常见到破涕为笑、脸上挂着泪水又笑起来的现象，这主要是因为(　　)。

A. 幼儿的情绪是由生理需要控制着　　B. 幼儿的意志力差

C. 幼儿的自我意识还未形成　　D. 幼儿的情绪是不稳定的

4. 幼儿道德发展的核心问题是(　　)。

A. 亲子关系的发展　　B. 亲社会行为的发展

C. 性别角色的发展　　D. 同伴关系的发展

5. 幼儿依靠头脑中的苹果、梨子等形象进行加法运算，这种思维方式为(　　)。

A. 直觉行动思维　　B. 具体形象思维　　C. 抽象逻辑思维　　D. 聚合式思维

6. 新入园的一个孩子哭着找妈妈，会引起其他孩子也跟着哭起来。这是幼儿什么的表现(　　)。

A. 情绪的依赖性　　B. 情绪的内隐性

C. 情绪的易感染性　　D. 情绪的情境性

7. (　　)幼儿的个性初具雏形。

A. 2~3 岁　　B. 3~4 岁　　C. 4~5 岁　　D. 5~6 岁

8. 幼儿在成人的指导下，用积木搭出一座房子时会高兴地拍起手来。这是幼儿(　　)的表现。

A. 道德感　　B. 理智感　　C. 实践感　　D. 美感

9. 幼儿言语发展过程中，掌握词类顺序正确的是(　　)。

A. 名词　动词　形容词　　B. 动词　名词　形容词

C. 动词　形容词　名词　　D. 形容词　动词　名词

10. 大班幼儿明明说：“妈妈，我长大了也想和你一样，做一个老师。”这是一种(　　)。

A. 经验性想象　　B. 情景性想象　　C. 愿望性想象　　D. 拟人化想象

二、多项选择题(每小题3分，共12分)

1. 思维具有两个基本特点，它们是：(　　)。

A. 概括性　　B. 具体性　　C. 形象性　　D. 间接性

2. 幼儿口语的发展，主要表现为掌握(　　)以及语言表达力的发展。

A. 语音　　B. 词汇　　C. 语法　　D. 句子

3. 儿童对养育着的依恋类型包括(　　)。

A. 安全型　　B. 反抗型　　C. 回避型　　D. 专制型

4. 情绪、情感在幼儿心理发展中的作用主要有(　　)。

A. 信号作用　　B. 感染作用　　C. 动机作用　　D. 组织作用

三、判断题(每小题1分，共10分)

1. 日常生活中，有许多在成人看起来十分平常的现象，在幼儿看来却十分好奇，所以他们要问、要拆，这完全是幼儿理智感发展的表现。(　　)

2. 幼儿心理的发展过程是一种主动积极的过程。(　　)

3. 动机的基础是人的需要。(　　)

4. 注意的分散与注意的转移是不同的概念，注意的转移是被动的，是由那些无关刺激的干扰而引起的。(　　)

5. 人脑对直接作用于感官的客观事物的整体特性的反映是感觉。(　　)

6. 对象和背景的差别越大，幼儿对其知觉就越容易。(　　)

7. 影响幼儿正确发音的因素是发音器官的成熟。(　　)

8. 一个人所特有的较稳定的心理活动的动力特征是人的个性。(　　)

9. 幼儿能够掌握本民族或本地区语言的全部语音是在3岁。(　　)

10. 成人的情绪态度会影响幼儿的情绪、情感，其中，对儿童情绪和情感有较大影响的是父母和同伴的态度。(　　)

四、简答题(共22分)

1. 幼儿情绪、情感的发展有什么特点？(5分)

2. 简要说明幼儿思维方式发展变化的趋势。(6分)

3. 什么是社会性发展？幼儿社会性发展的内容有哪些？(11分)

五、论述题(共 20 分)

1. 如何在实践中发展幼儿的言语能力？(10 分)

2. 幼儿记忆发展中易出现的问题有哪些？应采取哪些应对措施？(10 分)

六、案例分析题(共 16 分)

1. 妈妈答应 4 岁的婷婷，六一儿童节要带她去游乐园玩。六一前夕，婷婷问妈妈：“什么时候就到六一儿童节了？”妈妈说：“后天。”婷婷又问：“我再睡几次就能过六一儿童节了？”妈妈说：“睡两次。”于是，婷婷趴在床上假装睡了两次，说：“现在是六一儿童节了吧，带我去游乐园玩吧。”

问题：请你分析为什么会出现这种情况？并提出教育建议。(10 分)

2. 有一些幼儿和妈妈之间的关系倾向于冷淡、疏远。他们在母亲离开时，并不表现出伤心的情绪，而和陌生人在一起时也不感到认生和害怕。在人际互动中，会表现出一些回避现象，比如，当妈妈等成人注视他们时，他们会回避或转身走开。

根据案例回答下面问题：(6 分)

(1) 说说案例中幼儿的依恋关系类型属于哪一种。(2 分)

(2) 除这一类型外，还有哪两种主要的依恋关系类型？(2 分)

(3) 在这三种类型中，哪一种类型在幼儿中占大多数？(2 分)

【参考答案】

一、单项选择题

1. C 2. C 3. D 4. B 5. B 6. C 7. D 8. B 9. A 10. C

二、多项选择题

1. AD 2. ABC 3. ABC 4. ABCD

三、判断题

1. √ 2. √ 3. √ 4. × 5. × 6. √ 7. × 8. × 9. × 10. ×

四、简答题(共22分)

1. 幼儿情绪情感的发展主要表现为各种情绪体验逐渐丰富和深刻，情感越来越占主导地位。

① 情绪的易冲动性。幼儿常常处于激动状态，而且来势强烈，不能自制。

② 情绪的不稳定性。幼儿的情绪不稳定，容易变化。

③ 情绪的外露性。幼儿的自我控制能力差，不能完全控制自己的情绪。

④ 高级情感的发展。包括道德感、理智感和美感。

2. 幼儿思维的发展趋势是：由直观行动思维发展到具体形象思维，最后到抽象逻辑思维。

(1) 直观行动思维。

儿童最初的思维以直观行动思维为主。直观行动思维是指以直观的、行动的方式进行的思维。

(2) 具体形象思维。

3~6、7岁的儿童的思维，以具体形象思维为主。所谓具体形象思维是指儿童依靠头脑中的具体形象进行的思维，即依靠具体事物的表象以及对具体形象的联想进行的思维。具体形象思维是幼儿思维的典型方式，是在直观行动性的基础上形成和发展起来的。

(3) 抽象逻辑思维。

6、7岁以后，儿童的思维进入逻辑思维阶段。抽象逻辑思维是指运用概念、根据事物的逻辑关系进行的思维，是人类特有的思维方式。幼儿阶段只有抽象逻辑思维的萌芽。

3. 社会性发展(也称儿童的社会化)是指儿童从一个自然人，逐渐掌握社会的道德行为规范与社会行为技能，成长为一个社会人，逐渐步入社会的过程。(3分)

社会性发展的内容包括：(8分)

① 人际关系的建立：社会性的核心内容就是人际关系。

② 性别行为的发展。

③ 亲社会行为的发展：亲社会行为的发展是幼儿道德发展的核心。

④ 攻击性行为的发展。

五、论述题(共20分)

1. 幼儿的言语能力是在社会环境与教育的影响下形成和发展的，因此，要重视在实践中发展幼儿的言语能力。(答对1条给2分，共10分)

① 有目的、有计划的幼儿园语言教育活动是发展幼儿言语能力的重要途径。

幼儿园的语言教育活动，是根据《规程》精神，有目的、有计划地对幼儿施加影响。教学中，要运用有效的教学方法，调动幼儿说话的积极性，给予反复练习的机会，做出良好的示范。促进幼儿语言的发展和言语的规范化。

② 创设良好的语言环境，提供幼儿交往的机会。

组织丰富多彩的活动，使幼儿广泛地认识周围的世界，扩大眼界，丰富知识面，增长词汇。同时，要给幼儿提供更多的交往机会，尤其是和小朋友的交往机会。当孩子见多识广，语言自然也就丰富了。

③ 把言语活动贯穿于幼儿的一日活动之中。

教师应在日常生活中培养幼儿的言语能力。如组织幼儿看电视、阅读图书、朗读文学作品等，丰富和积累文学语言；在一日生活中，通过交谈、复习、巩固和运用学过的词汇和句式等。

④ 教师良好的言语榜样。

教师要给幼儿做出良好的示范，用语要规范等。

⑤ 注重个别教育。

幼儿言语的积极性和驾驭语言的能力不一样，教师在教育活动及日常生活中，不可忽视对幼儿的个别教育。对言语能力强的可提出更高的要求，对言语能力较差的幼儿，要主动亲近和关心他们，有意识地和他们交谈，鼓励他们大胆说话等。

2. 幼儿记忆发展中常出现的问题有：

① 偶发记忆。在幼儿记忆的发展过程中，还存在着一种被称为偶发记忆的现象。这种现象是指当要求幼儿记住某样东西时，他往往记住的是和这件东西一道出现的其他东西。在幼儿园里，我们常看到，老师出示贴绒小鸭，问幼儿有几只鸭子，有的幼儿却答成鸭子是黄颜色的。(2 分)

应对措施：由于幼儿对课题选择的注意力、目的性不明确，把没必要的偶发记忆课题也记住了，结果使中心记忆课题完成效果不佳。幼儿教师要重视这种幼儿特有的记忆现象，注意引导幼儿朝有意记忆方向努力发展。(2 分)

②“说谎”问题。幼儿的记忆存在着正确性差的特点，容易受暗示，容易把现实与想象混淆，用自己虚构的内容来补充记忆中残缺的部分，把主观臆想的事情，当作自己亲身经历过的事情来回忆。这种现象常被人们误认为幼儿在“说谎”，这显然是不对的。(3 分)

应对措施：教师应该正确对待这种现象，这种“说谎”问题是由于幼儿心理发展不成熟而造成的，不能看作是有意说谎。随着年龄的增长，幼儿的这种情况会有所改变。因此，教师不能随便指责幼儿“不诚实”，而是要耐心地帮助孩子把事实弄清楚，把现实的东西和想象的东西区分开来。(3 分)

六、案例分析题(共 16 分)

(答案要点)

1. 时间知觉是对客体现象的延续性、顺序性和速度的反映。幼儿对时间的掌握有一定的规律，幼儿初期的幼儿已有一些初步的时间概念。幼儿中期，可以正确理解“昨天”“明天”，但对较远的时间，如“前天”“后天”理解起来仍感到困难。幼儿晚期，在前面的基础上能理解“前天”“大后天”等。

婷婷 4 岁，他还不能理解“后天”这个时间概念，所以当她问妈妈：“我再睡几次就能过六一儿童节了?”听到妈妈的回答后，她认为只要睡两次就到“后天”了。

教育建议：幼儿对时间的理解有一定规律，是循序渐进的，家长要掌握幼儿心理发展的规律，当幼儿不能理解较远的时间概念时，家长不能着急，更不能斥责幼儿，应耐心地引导幼儿，帮助孩子理解、掌握时间概念。

2. (1) 该幼儿的依恋类型属于回避型依恋。(2 分)

(2) 还包括安全型依恋和反抗型依恋。(2 分)

(3) 安全型依恋占的比例大。(2 分)

模拟测试题(二)

一、单项选择题(每小题2分，共20分)

1. 儿童自我意识萌芽最重要的标志是(　　)。

A. 认生现象的出现　　B. 掌握代词“我”

C. 自我评价的发展　　D. 自我体验的发展

2. 崭新的玩具刚买回家，转眼工夫就被孩子拆得四分五裂。这是孩子(　　)的表现。

A. 道德感　　B. 理智感　　C. 美感　　D. 破坏行为

3. 人对事物的认识开始于(　　)。

A. 感知觉　　B. 注意　　C. 需要　　D. 情感

4. 在不理解意思的情况下，幼儿也能背诵唐诗，这是(　　)。

A. 意义记忆　　B. 形象记忆　　C. 机械记忆　　D. 词语逻辑记忆

5. 教师说：“喝完水的小朋友把杯子放到柜子里去。”刚入园的幼儿都没有反应。老师又说：“丫丫，把杯子放到柜子里去吧。”这时丫丫就懂得了老师的意思。这说明丫丫的思维是(　　)。

A. 表面的　　B. 固定的　　C. 具体的　　D. 形象的

6. 言语是(　　)。

A. 社会现象　　B. 心理现象　　C. 交流工具　　D. 一种符号

7. 人与人之间个性的差异主要体现在每个人(　　)。

A. 待人接物的态度和言行举止中　　B. 气质特点方面

C. 能力发展的特点　　D. 性格特征方面

8. 进入正在放映的电影厅，几分钟后才能看清物体，这是(　　)现象。

A. 视觉适应　　B. 视觉定位

C. 对比现象　　D. 对象和背景关系造成的

9. 不但关心自己在行动中是否符合道德标准，而且开始关心别人的行为是否符合道德标准，由此产生相应的情绪，这是(　　)幼儿道德感发展的表现。

A. 小班　　B. 中班　　C. 大班　　D. 小学低年级

10. (　　)是促进幼儿心理发展的最好的活动形式。

A. 游戏　　B. 学习　　C. 劳动　　D. 交往

二、多项选择题(每小题3分，共12分)

1. 人的心理现象可以划分为(　　) 三个部分。

A. 动机　　B. 需要　　C. 个性　　D. 心理过程

2. 幼儿期自我意识的发展主要表现在(　　)发展三方面。

A. 自我评价　　B. 自我认识　　C. 自我体验　　D. 自我控制

3. 关于心理的实质，下列说法正确的是(　　)。

A. 心理是人脑的机能　　B. 大脑出现障碍不会影响人的心理活动

C. 心理是对客观现实的反映　　D. 人的心理具有主观能动性

4. 下列哪些因素会影响到儿童的心理发展。(　　)

A. 遗传素质　　B. 教育条件　　C. 家庭环境　　D. 幼儿活动

三、判断题(每小题 1 分，共 10 分)

1. 中班幼儿的告状行为是道德感的具体体现。(　　)
2. 4~5 岁幼儿发音能力的发展最为迅速，他们已初步掌握本民族、本地区的全部语音。(　　)
3. 幼儿的活动主要包括对物的操作活动和与人的交往活动。(　　)
4. “三岁看大，七岁看老”表明了幼儿期个性的独特性和基础作用。(　　)
5. 在一定条件下，生活环境和教育可以改变幼儿的气质。(　　)
6. 人脑是心理的器官，心理是人脑的机能。(　　)
7. 教育作为社会环境中最重要的因素，在一定程度上对儿童的心理发展水平起主导作用。(　　)
8. 幼儿的情感敏感而脆弱，更需要大人的保护和关心。(　　)
9. 幼儿时期是想象发展最快的时期。(　　)
10. 需要是儿童亲社会行为产生的前提。(　　)

四、简答题(共 19 分)

1. 简述如何在活动中帮助幼儿克服不良情绪。(8 分)

2. 幼儿教师该如何根据幼儿注意稳定性的规律来组织教学？(7 分)

3. 在知觉过程中，要把对象从背景中分出来，受哪些条件影响？(4 分)

五、论述题(23 分)

1. 幼儿注意发展中容易出现哪些问题？应采取怎样的教育措施？(14 分)

2. 试说明心理的实质。(9 分)

六、案例分析题(共 16 分)

1. 问一个中班幼儿"为什么皮球会从椅子上滚下来?"他会回答:"因为它不想待在椅子上"。问他"为什么木块会浮在水面上,而铁块会沉下去?"他会回答:"因为木块大,所以浮起来。铁块小,所以沉下去"。

请从幼儿判断推理的特点分析这一现象。(8 分)

2. 4 岁的飞飞喜欢自己穿鞋子,但她总是把左右脚的鞋子穿反,也常常把自己的左右手搞错。

请从幼儿方位知觉发展的角度分析这种现象。(8 分)

【参考答案】

一、单项选择题

1. B　2. B　3. A　4. C　5. C　6. B　7. A　8. A　9. B　10. A

二、多项选择题

1. ACD　2. ACD　3.　ACD　4. ABCD

三、判断题

1. √　2. ×　3. √　4. √ 5. √　6. √　7. √　8. √　9. ×　10. ×

四、简答题 (19 分)

1. 在活动中要帮助幼儿克服不良情绪,就应及时发现幼儿的不良情绪并及时给予引导:(每答对 1 条给 2 分,共 8 分)

① 成人要善于发现与辨别孩子的情绪;

② 从幼儿的情绪表现来分析幼儿的内心情感世界；

③ 要注意幼儿的个别差异，对不同的孩子采取不同的方法；

④ 注意孩子积极情感的引导，让积极情感成为幼儿情感的主旋律，减少消极情感的产生。

2. 试举例说明教师如何根据幼儿注意稳定性的规律来组织教学。(7 分)

(1) 幼儿注意的稳定性有如下特点：(3 分)

① 幼儿注意的稳定性比较差，但随着幼儿年龄的增长其注意力的稳定性逐渐提高。

② 活动中影响幼儿注意稳定性的因素有：注意的对象新颖、生动、形象鲜明；活动的游戏化；注意与幼儿操作活动的结合；幼儿的身体状况。

③ 幼儿注意的稳定性存在明显的年龄差异，年龄不同注意的稳定性也不同。年龄越小，注意的稳定性越差。

(2) 因此，教师在组织活动时应注意：(4 分)

① 在设计活动、组织活动时，不应太单调，时间不应太长。

② 在组织幼儿活动时，要考虑孩子的健康状况和情绪状况。

③ 在组织幼儿活动时，应该使活动多样化、游戏化。

④ 在组织幼儿活动时，要考虑幼儿的年龄，活动时间不能超过该年龄段幼儿所能维持注意的时间。

3. 在知觉过程中，要把对象从背景中分出来，受以下条件影响：(4 分)

① 对象与背景的差别；(1 分)

② 对象的活动性；(1 分)

③ 刺激物本身各部分的组合；(1 分)

④ 教师的言语与直观材料的相结合。(1 分)

五、论述题(23 分)

1. 幼儿注意发展中容易出现的问题有：

(1) 幼儿注意的分散(2 分)

针对引起注意分散的原因采取相应的措施：

① 连续进行的单调活动——幼儿园组织的活动不能太单调，时间不能超过各幼儿年龄阶段所适合的时间，而且形式应多样化。(2 分)

② 缺乏严格的作息制度——幼儿教师应与家长经常联系，共同保证幼儿的生活合理、有规律，养成良好的生活习惯。(2 分)

③ 无关刺激的干扰——要恰当地避免无关刺激的干扰，在环境的布置上不宜过分繁杂，教室的室温也要适宜。(2 分)

④ 注意转移的能力差——教师要善于组织幼儿的活动，适当安排，有效地引导幼儿将注意保持在当前的活动上。(2 分)

⑤ 不能很好地进行两种注意的转换——应增强活动的趣味性，减少幼儿的疲劳，引导幼儿进行两种注意的转换。(2 分)

(2) 幼儿的“多动”现象(2 分)

教师要慎重对待幼儿的多动现象，既不能轻率地将幼儿的爱动、多动现象归为多动症，也不能忽视幼儿注意的不稳定现象。要善于分析幼儿注意不稳定的原因，注重幼儿良好习惯的养成，在活动中逐渐提高幼儿的注意力水平。

2. 心理的实质是人脑对客观现实的反映。(3分)

具体来说体现在下列三个方面：

(1) 心理是人脑的机能。(2分)

心理活动是由于大脑活动而产生的。脑医学研究发现，一些人脑部受伤或发生病变后，他们的心理活动便出现异常，如不能思考、出现痴呆、记不住事情等。脑科学证明，心理活动与大脑有着非常密切的联系。没有大脑便没有心理活动，大脑出现障碍必然会影响心理活动。

(2) 心理是对客观现实的反映。(2分)

客观现实是心理活动的内容与源泉。我们的心理活动总是离不开我们的生活和所接触的环境。客观现实就是指我们心理以外的一切，包括大自然、各种社会生活条件和人的各种活动。

(3) 人的心理活动具有主观能动性。(2分)

在人脑中的心理反映，和镜子里的反映不同。镜子是被动地反映事物，原原本本地反映所照的事物，而心理对客观事物的反映是主动的。心理并不反映周围的一切事物，而是主动地加以选择。人的心理活动是有目的性的。对同样一个事物，每个人的心理反映各不相同。

六、案例分析题(16分)

1. ①幼儿思维的具体形象性常表现为在判断事物时从事物外在的或表面的特点出发。如幼儿会以自身的生活经验作为判断、推理的依据，幼儿对事物的判断推理往往不合逻辑等。(5分)

②案例中幼儿的回答正好体现出这一特点。他说皮球会从椅子上滚下来是因为它不想待在椅子上，就是根据自己的经验来做出判断、推理的。对木块和铁块沉浮原因作出那样的判断，是从事物的表面现象即大小情况出发来判断推理的，而没有看到事物的内部联系和本质特点。(3分)

2. ①幼儿方位知觉的发展趋势是：3岁能辨别上下，4岁能辨别左右，5岁能以自身为中心辨别左右，6岁幼儿能很好地掌握上下、左右，但以左右的相对性辨别左右仍很困难。(5分)

②案例中的飞飞只有4岁，她总穿反左右脚的鞋子，也常常搞错自己的左右手，就是因为她还不能正确地辨别左右，这是由幼儿方位知觉的发展特点所决定的，属于正常现象，随着年龄的长大，她会分清楚左右的。(3分)

模拟测试题(三)

一、单项选择题(每小题2分，共20分)

1. 幼儿会较准确地使用“我”这个词来表达自己的愿望。这说明幼儿的(　　)产生了。
A. 自我体验　B. 自我评价　C. 自我暗示　D. 自我意识
2. 幼儿的好奇好问是(　　)的特殊表现形式。
A. 好奇心　B. 理智感　C. 道德感　D. 美感
3. 人最基本的心理过程是(　　)。
A. 情感过程　B. 认识过程　C. 意志过程　D. 思维过程
4. 教师使用“反语”，儿童常常不能理解，说明幼儿理解的特点是(　　)。
A. 只能对个别事物进行理解　B. 只能对具体形象的事物进行理解
C. 只能从表面上理解事物　D. 不能理解事物的相互关系
5. 消极词汇是指(　　)。
A. 不能理解也不能运用的词汇　B. 不能理解但能运用的词汇
C. 能理解但不能运用的词汇　D. 既理解也能运用的词汇
6. 矫正口吃的重要方法是(　　)。
A. 反复练习　B. 回避说出某些词　C. 放慢说话速度　D. 解除紧张
7. 在方位知觉方面，4岁儿童(　　)。
A. 开始能够辨别前后　B. 开始能辨别以自身为中心的左右方位
C. 开始能够辨别以别人为基准的左右方位　D. 仅能辨别上下
8. 吴承恩在《西游记》中塑造出了孙悟空、猪八戒、沙和尚等众多的形象，这属于(　　)。
A. 再造想象　B. 创造想象　C. 夸张性想象　D. 愿望性想象
9. 幼儿期典型的思维方式是(　　)。
A. 直觉行动思维　B. 抽象逻辑思维　C. 具体形象思维　D. 感知思维
10. “吃过甜点心之后再吃苹果，会觉得苹果更酸”。这是(　　)。
A. 感觉适应　B. 相继对比　C. 同时对比　D. 感觉相互作用

二、多项选择题(每小题3分，共12分)

1. 下列言语属于自我中心言语的是(　　)。
A. 重复　B. 独白
C. 适应性告知　D. 双人或集体的独白
2. 按想象内容的新颖性、独立性和创造性，把想象分为(　　)。
A. 再造想象　B. 创造想象　C. 经验性想象　D. 愿望性想象
3. 关于学习幼儿心理学的现实意义，下列说法正确的是(　　)。
A. 学习幼儿心理学，有助于了解幼儿心理的特点，走进童心世界

B. 学习幼儿心理学有助于我们反思自己的心理活动
C. 学习幼儿心理学，有助于为幼儿发展提供更加适合的环境
D. 学习幼儿心理学，有助于树立正确的儿童观
4. 下列选项中，属于幼儿性格年龄特点的是(　　)。
A. 活泼好动　　B. 好奇好问　　C. 喜欢交往　　D. 好冲动

三、判断题(每小题1分，共10分)

1. 幼儿掌握语言的过程，也就是幼儿社会化的过程。(　　)
2. 人的个性并不是先天带来的，而是在人出生后，在与外界环境的相互作用中逐渐形成和发展起来的。(　　)
3. 自我意识是个性中最重要的组成部分，制约着个性的发展。(　　)
4. 儿童方位知觉的发展顺序是先上下再左右，然后是前后。(　　)
5. 幼儿期是一生中词汇量增加最快的时期。(　　)
6. 幼儿画画时，突然又玩起了手中的彩笔。这是幼儿注意的分散。(　　)
7. 人在注意力高度集中时，往往会出现“视而不见，充耳不闻”的现象，这是因为人的注意具有指向性。(　　)
8. 幼儿不存在情绪健康问题。(　　)
9. 有了人脑就一定有人的心理。(　　)
10. 表象是想象的材料。表象的数量和质量直接影响着想象的水平。(　　)

四、简答题(共26分)

1. 影响幼儿情绪情感发展的要素有哪些？(6分)

2. 儿童的依恋可分为哪几种类型？其中哪一种依恋类型较好？(7分)

3. 什么是儿童心理发展的年龄特征？幼儿心理的发展有哪些一般特征？(13分)

五、论述题(20 分)

1. 影响幼儿心理发展的因素有哪些？(12 分)

2. 怎样培养幼儿的观察力？(8 分)

六、案例分析题(共 12 分)

1. 力力对妈妈提出了一个要求，让他独自在洗衣机中洗自己的一双袜子，并且要把手伸到洗衣机里去操作，他说大人都是这样做的，他也要这样做。妈妈告诉他小孩子是不可以去弄洗衣机的，这样是很危险的。力力不愿意听，偏要去弄，妈妈只得拔掉了洗衣机的电源插头。力力折腾了半天，这边扳扳摸摸，那边敲敲打打，发现洗衣机没能转动起来，于是他大怒了，哭闹着："我自己来"、"我要"。

(1) 请你运用幼儿性格发展的理论对上述案例进行分析。(4 分)

(2) 给家长提出合理化的建议。(4 分)

2. 张超是一个六岁的男孩。他妈妈是个有心人，把张超在四岁半至五岁半一年中的提问做了详细的记录，共 4000 多个问题，而且涉及面非常广泛。他妈妈也是个兴趣爱好广泛的人，她总是认真对待孩子的提问，并鼓励孩子提问。老师评价说，张超知识面广，是一个非常聪明的孩子。

请分析张超心理发展突出的年龄特点是什么。(4 分)

【参考答案】

一、单项选择题

1. D　2. B　3. B　4. C　5. C　6. D　7. A　8. B　9. C　10. B

二、多项选择题

1. ABD　2. AB　3. ACD　4. ABCD

三、判断题

1. √　2. √　3. √　4. ×　5. √　6. √　7. ×　8. ×　9. ×　10. √

四、简答题(26分)

1. 影响幼儿情绪、情感发展的因素有：

① 生活环境(2分)

生活环境包括物质环境和精神环境。

② 游戏活动与幼儿的情绪、情感(2分)

游戏不仅可以带给幼儿快乐，还可以满足幼儿的多种需要。

③ 成人的情绪态度(2分)

成人对儿童的态度是影响幼儿情绪、情感健康发展的一个主要因素。对儿童有较大影响的是父母和教师的态度。

2. 儿童的依恋可分为三种类型：回避型、安全型和反抗型。(6分)

其中较好的依恋类型是安全型依恋。(1分)

3. (1) 儿童心理年龄特征是儿童心理发展的各个不同年龄阶段所形成和表现出来的那些一般的、典型的和本质的心理特征。(3分)

(2) 幼儿心理发展的一般特征有：(每答对1条给2分，共10分)

① 幼儿心理随年龄增长而逐渐发展。

② 幼儿的认识活动以具体形象性为主，开始向抽象逻辑性发展。

③ 幼儿的心理活动以无意性为主，开始向有意性发展。

④ 幼儿的情感由易变、外露，开始向稳定和有意控制发展。

⑤ 幼儿的个性开始形成，向稳定倾向性发展。

五、论述题(20分)

1. 影响儿童心理发展的因素多种多样，归纳起来有：遗传、生理成熟、环境和教育等。(2分)

(1) 遗传(2分)

遗传素质是儿童心理发展的物质前提。

① 遗传为幼儿心理发展提供最基本的自然物质前提。

② 遗传奠定了幼儿心理发展个别差异的最初基础。

(2) 生理成熟(2 分)

① 生理成熟的顺序性为幼儿心理活动的出现与发展的顺序性提供了基本的前提。

② 生理成熟在一定程度上对儿童心理发展起制约作用。

(3)环境和教育(2 分)

环境对儿童心理发展的影响，主要指社会生活条件和教育的作用。

① 环境使遗传和生理成熟所提供的心理发展的可能性变为现实。

② 社会生活条件和教育是制约儿童心理发展水平和方向的重要因素。

(4) 幼儿自身的心理和幼儿的活动(2 分)

① 幼儿自身的心理，如幼儿的需要、幼儿的兴趣爱好、幼儿的能力等对幼儿的心理发展具有非常重要的影响。

② 幼儿的活动：幼儿的心理是在活动中形成和发展的，活动是促进幼儿心理发展的有效途径。

总之，影响幼儿心理发展的因素是比较复杂的，各种因素相互影响、共同作用，影响着幼儿的心理发展。(2 分)

2. 在活动中培养幼儿的观察力，应做到：

(1) 帮助幼儿明确观察的目的和任务

首先使幼儿明确从被观察的对象中寻找什么，使观察具有明确的选择性和针对性，同时，教师要发挥好语言的指导作用，在观察前，提出启发引导性问题，观察中进行提示，有针对性地讲解，以更好地帮助幼儿明确目的，提高观察的稳定性。

(2) 提供丰富的观察材料，引导幼儿观察概括

在观察过程中，要为幼儿提供丰富的观察材料，让幼儿在实际活动中学习概括。教师为幼儿提供的多种感知材料，要注意每次出示的物体，其本质属性不变，但要经常变化其非本质属性，以利于幼儿在观察中学习概括事物的本质属性。

(3) 启发幼儿用多种感官方式参与观察

在进行观察活动时，要启发幼儿用多种感觉器官参与观察。

(4) 教给幼儿有顺序的观察方法

在观察活动中，教师要按照事物本身的体系，提问或提示，引导幼儿有顺序地观察，帮助幼儿学会自上而下、从左到右、从前往后、从外到里、从近到远的观察方法。

六、案例分析题(12 分)

1. (1) 活泼好动、好奇好问、好冲动、模仿性强是幼儿主要的性格特征。案例中力力的行为正好表现出幼儿的这些性格特点。(4 分)

(2) 为此，家长应正确地加以引导：满足孩子的好奇心，激发其兴趣，注意榜样作用，做好教育和解释说明，并要注意安全。(4 分)

2. 案例中张超具有好奇好问的心理特点，这是儿童理智感发展的重要表现。(4 分)

模拟测试题(四)

一、单项选择题(每小题2分，共20分)

1. 个性积极的源泉是(　　)。
A. 需要　　B. 动机　　C. 兴趣　　D. 自我意识

2. 儿童离开了玩具就不会游戏，离开了实物就不会解决问题，说明其思维的方式是(　　)。
A. 直观行动思维　　B. 具体形象思维　　C. 抽象逻辑思维　　D. 聚合思维

3. 常常采取不友好的交往方式，如强行加入其他小朋友的活动、抢夺玩具、大声叫喊、推打小朋友的幼儿属于(　　)。
A. 受欢迎型　　B. 一般型　　C. 被忽视型　　D. 被排斥型

4. 对孩子一般关怀过度，百依百顺，宠爱娇惯；或是不关心，不信任，或只看到他们的缺点，对子女否定过多。这种亲子关系属于(　　)。
A. 民主型　　B. 专制型　　C. 溺爱型　　D. 放任型

5. 根据一定的目的和任务，不依赖现存的描述而独立创造出新形象的过程是(　　)。
A. 有意想象　　B. 无意想象　　C. 创造想象　　D. 再造想象

6. 幼儿掌握概念的基本特点有(　　)。
A. 以掌握具体实物概念为主，向掌握抽象概念发展
B. 以掌握抽象概念为主，向掌握具体实物概念发展
C. 概念的内涵往往不精确，但外延比较恰当
D. 概念的内涵往往不精确，外延也不恰当

7. 幼儿掌握图形的顺序是(　　)。
A. 正方形→长方形→三角形→圆形
B. 圆形→三角形→正方形→长方形
C. 三角形→正方形→长方形→圆形
D. 圆形→正方形→三角形→长方形

8. 4岁幼儿的注意能够保持(　　)。
A. 3~5分钟左右　　B. 7~8分钟左右　　C. 10分钟左右　　D. 15分钟左右

9. “老师说我是好孩子。”说明幼儿对自己的评价是(　　)。
A. 独立性的　　B. 个别方面的　　C. 多方面的　　D. 依从性的

10. 一个小朋友想上厕所，其他幼儿也要去，教师生气地说：“去，去，去，都去!”幼儿根本不理解教师的意思，反而高高兴兴地一拥而去了。这说明(　　)
A. 幼儿只能理解个别事物　　B. 幼儿只能理解具体形象的事物
C. 幼儿对事物的理解往往是表面的　　D. 幼儿不能理解事物的相互关系

二、多项选择题(每小题 3 分，共 12 分)

1. 根据识记材料的内容，可把记忆分为(　　)。

A. 有意记忆　　B. 无意记忆　　C. 形象记忆　　D. 词语逻辑记忆

2. 下列属于 3~4 岁幼儿心理发展特征的是(　　)。

A. 情绪作用大　　B. 认识依靠行动　　C. 活泼好动　　D. 好学好问

3. 下列选项属于幼儿高级情感的是(　　)。

A. 理智感　　B. 归属感　　C. 道德感　　D. 美感

4. 下列选项属于个性心理特征的是(　　)。

A. 需要　　B. 能力　　C. 气质　　D. 性格

三、判断题(共 10 分)

1. 心理活动是由人的心理产生的。(　　)

2. 无意想象是指幼儿无意识进行的没有任何意义的想象。(　　)

3. 具体形象思维是幼儿期典型的思维方式。(　　)

4. 注意的分配是指根据任务主动、及时地从一个对象或活动转移到另一个对象或活动中去。(　　)

5. 识记和保持是再认和再现的前提与基础，再认和再现是识记与保持的结果和证明。(　　)

6. 3~4 岁的幼儿能够掌握本民族或本地区语言的全部语音，并达到发音基本正确。(　　)

7. 个性的整体性是说人的个性千差万别，没有完全相同的。(　　)

8. 自我意识的成熟标志着个性的成熟。(　　)

9. 幼儿言语能力的培养应把主要精力放在书面言语的教学上，因为这样能更好地为幼儿进入小学做准备。(　　)

10. 知觉对象由许多具有不同特征的部分组成，但我们并不认为它是许多个别孤立的部分，而总是把它看作一个整体，这就是知觉的整体性。(　　)

四、简答题(共 21 分)

1. 什么是气质？一般将人的气质划分为哪几种类型？(7 分)

2. 幼儿心理发展有哪些一般特征？(10 分)

3. 儿童的社会化言语包括哪些内容？(4 分)

五、论述题(20分)

1. 影响幼儿攻击性行为的因素有哪些？(8分)

2. 游戏对幼儿心理发展的价值。(12分)

六、案例分析题(17分)

1. 一位母亲反映她4岁的孩子患口吃至今已整一年了。表现为一说话便高度紧张，言语断断续续，尤其是在人多的场合更是如此。虽然夫妇俩经常提醒孩子，有时甚至是吓唬、惩罚孩子，但收效很小。孩子已变得十分沉默、自卑。据这位母亲反映，他们夫妇俩及孩子的直系亲属的言语能力均属正常，孩子的听觉、发音器官及相关的言语系统经医院检查也无异常。这位母亲十分焦虑、苦恼，但却不知如何是好。

(1) 请你帮这位母亲就其孩子患口吃的原因进行分析(5分)

(2) 请提出有效的矫治方法。(4分)

2. 中班幼儿王峰个性比较内向，动作较慢，常常落后于其他的小朋友，班主任李老师常常当着全班小朋友的面说："你真笨，全班同学当中最笨就是你了，我看你最好去小班读算了。"

请从幼儿自我意识发展的角度谈谈老师这种做法对吗？为什么？(8分)

【参考答案】

一、单项选择题

1. A　2. A　3. D　4. D　5. C　6. A　7. D　8. C　9. D　10. C

二、多项选择题

1. CD　2. AB　3. ACD　4. BCD

三、判断题

1. ×　2. × 3. √　4. ×　5. √　6. √　7. ×　8. √ 9. ×　10. √

四、简答题(21分)

1. 气质是指一个人所特有的较稳定的心理活动的动力特征，主要表现在心理活动的速度(反应的快慢)、强度(反应的大小)及灵活性(转换的速度)方面。(3分)

一般将人的气质划分为四种类型：胆汁质、多血质、黏液质和抑郁质。(4分)

2. 幼儿心理发展的一般特征有：(每答对1条给2分，共10分)

① 幼儿心理随年龄增长而逐渐发展；

② 幼儿的认识活动以具体形象性为主，开始向抽象逻辑性发展；

③ 幼儿的心理活动以无意性为主，开始向有意性发展；

④ 幼儿的情感由易变、外露开始向稳定和有意控制发展；

⑤ 幼儿的个性开始形成，向稳定倾向性发展。

3. 儿童的社会化言语包括：适应性告知；批评和嘲笑；命令、请求(祈使)和威胁；问题与回答。(4分)

五、论述题(20分)

1. 影响儿童攻击性行为的因素主要有：(8分)

① 父母的惩罚。研究发现，攻击型男孩的父母对他们惩罚得多，而且即使他们行为正确也经常施以惩罚。惩罚对于非攻击型儿童能抑制攻击性，但对于攻击型的儿童则不能抑制攻击性，反而会加重攻击性行为。

② 榜样。电视上的攻击性榜样能增加儿童的攻击性行为。实验表明，模仿是儿童攻击性行为产生的一个原因，看过攻击性行为的儿童更容易产生攻击性行为。另外，父母打架对孩子也有影响。

③ 强化。在孩子出现攻击性行为时，父母不加制止或听之任之，就等于强化了孩子的侵犯行为。同伴之间也能学会攻击性行为，如果一个孩子成功地引用了攻击策略来控制同伴，可以加强和增加他以后的攻击性。

④ 挫折。攻击性行为产生的直接原因主要是挫折。一个受挫折的孩子很可能比一个心满意足的孩子更具攻击性。

2. 游戏对幼儿心理发展的价值：(12分)

(1) 适应幼儿心理发展的需要

游戏是幼儿期的主导活动。游戏不但能给幼儿带来乐趣，而且也是培育幼儿走向健康人格发展的一种方法。

在游戏活动中，幼儿可以用虚构的物品、动作、语言、情节等去替代实际的活动，在假想的情境中投入地从事自己所向往的活动，用自己独特的方式方法比较容易地克服真实活动中许多条件的限制，从而较好地解决实际能力与心理需求之间的矛盾，促进其心理发展。

(2) 发展幼儿的智能

① 游戏时，幼儿会不断地移动、触摸、观察、聆听，这些感官刺激有助于培养幼儿的注意力、观察力和判断力，加深幼儿对知识的理解，巩固记忆。

② 游戏能推动幼儿去思考和创作。同时，游戏的情节、行动方式等都没有固定的模式，这种游戏的假象性为幼儿的想象提供了广阔的天地，使他们的创造力得到极大的发展。

③ 游戏中的幼儿都要用语言来交流思想，商讨玩法，大多数游戏对提高幼儿语言能力和社交能力非常有效。

④ 在游戏中，幼儿也会不断探索，有助于他们认识环境，解决问题。游戏还可以使幼儿无形中学到很多概念，这些都有助于幼儿智能的发展。

(3) 平衡幼儿的情绪

游戏使幼儿得到情绪平衡的机会。在游戏中，幼儿可以发泄剩余的精力，无拘无束地玩，尽情地表达个人的感受和情绪，从而忘掉烦恼，心情舒畅。这有助于幼儿形成健康的性格。同时，游戏也能发展幼儿的美感。

(4) 发展幼儿的社会性行为

通过游戏，幼儿接触到其他不同年龄、不同性格的幼儿，从别人的行为和说话中可以了解自我。在游戏中，可使幼儿学会如何分工和适应群体生活，体验到分享、公正、自律、诚实等道德行为和态度，从小就培养起良好的公民意识和道德观念。

六、案例分析题(17分)

1. (1) 口吃的原因：(5分)

① 幼儿的口吃，部分是生理原因，更多的是心理原因所致。口吃的心理原因之一是说话时过于急躁、激动、紧张。另一种原因可能是来自模仿。(3分)

② 案例中孩子的父母及孩子的直系亲属的言语能力均属正常，孩子的听觉、发音器官及相关的言语系统经医院检查无异常，说明这个孩子的口吃是由心理原因引起的。另外这孩子一说话便高度紧张，言语断断续续，尤其是在人多的场合更是如此，说明引起他口吃的心理原因是紧张。(2分)

(2) 矫治方法：(4分)

① 矫正口吃的重要方法是解除紧张。父母要耐心帮助孩子矫正口吃，不能急，更不能训斥孩子，否则将会加剧其紧张情绪，甚至会由此导致幼儿避免说话，难以纠正口吃。如果任这种情况继续发展下去，还将对幼儿的性格产生不良影响，导致孤僻等性格特征。(2分)

② 案例中夫妇俩经常提醒孩子，有时甚至是吓唬、惩罚孩子，这种方法显然是不正确的，所以收效很小。孩子已变得十分沉默、自卑，说明已经对孩子的性格产生了影响。因此，孩子的父母一定要按照矫正口吃的正确方法帮孩子纠正口吃，这样，一定会取得好的效果。(2分)

2. ①从幼儿自我意识发展的角度看，老师的这种做法是错误的。(3分)

②因为幼儿时期儿童的自我评价主要依赖于成人的评价。如果成人对儿童的评价偏低，儿童对自我的评价也就偏低，不利于儿童自我意识的发展。所以，老师的这种做法是错误的。(5分)

模拟测试题(五)

一、单项选择题(每小题 2 分，共 24 分)

1. 人最基本的心理过程是(　　)。

A. 记忆　　B. 感知觉　　C. 动机　　D. 认识过程

2. (　　)是没有预定的目的，而是在某种刺激物的影响下不由自主地想象出某种事物形象的过程。

A. 再造想象　　B. 创造想象　　C. 无意想象　　D. 有意想象

3. (　　)是对头脑中已有的表象进行加工改造，重新组合成为新形象的过程。

A. 思维　　B. 想象　　C. 记忆　　D. 感知觉

4. 攻击性行为产生的直接原因主要是(　　)。

A. 榜样　　B. 强化　　C. 父母的惩罚　　D. 挫折

5. 下列属于幼儿中期心理特点的是(　　)。

A. 思维具体形象　　B. 爱模仿　　C. 好学好问　　D. 个性初具雏形

6. 根据一定任务，主动、及时地从一个对象或一种活动转移到另一对象或活动中去，这是(　　)。

A. 注意的分配　　B. 注意的选择　　C. 注意的转移　　D. 注意的分散

7. 幼儿游戏中社会性交往水平最高的是(　　)。

A. 独自游戏　　B. 平行游戏　　C. 联合游戏　　D. 合作游戏

8. 根据一定的目的和任务，不依赖于现存的描述而独立创造出新形象的过程，就是(　　)。

A. 创造想象　　B. 再造想象　　C. 有意想象　　D. 无意想象

9. 在认识客观事物的过程中产生的，与人的求知欲 、认识兴趣、解决问题的需要等满足与否相联系的是(　　)。

A. 美感　　B. 道德感　　C. 理智感　　D. 满足感

10. 个性系统中，制约着个性发展的是(　　)。

A. 气质　　B. 性格　　C. 自我意识　　D. 个性倾向性

二、多项选择题(每小题 3 分，共 12 分)

1. 从幼儿认知能力的发展来看，幼儿游戏包括(　　)。

A. 建构游戏　　B. 象征性游戏　　C. 练习性游戏　　D. 规则游戏

2. 下列哪种行为反映的是儿童的形象思维 (　　)。

A. 做遵守交通规则过马路的游戏　　B. 给布娃娃穿衣、喂奶

C. 过家家，用锅碗瓢盆做饭、吃饭　　D. 幼儿会算算术题

3. 在幼儿心理研究中，下面方法属于调查法的是(　　)。

A. 谈话法　　B. 问卷法　　C. 实验法　　D. 作品分析法

4. 下列有关性别差异的说法正确的是(　　)。

A. 男孩在需要力量和大动作的活动中更占优势

B. 男孩更容易成为攻击者和被攻击者

C. 女孩比男孩更早学会行走

D. 女孩更容易出现学习问题、情绪问题等

三、判断题(共10分)

1. 心理的实质是人脑对客观现实的反映。(　　)

2. 注意是一种心理状态。它是心理活动对一定对象的选择和集中。(　　)

3. 回忆是指过去感知过的事物并没有出现，但由于某种影响而呈现出来的现象。(　　)

4. 想象是人脑在一定刺激的影响下对已有表象进行加工改造而形成新形象的过程，所以，想象归根结底不是对客观现实的反映。(　　)

5. 与动作相联系的“破坏”行为是幼儿道德感的一种特殊表现。(　　)

6. 儿童自我意识萌芽的最重要的标志是掌握了语言。(　　)

7. 形成独生子女社会性发展问题的主要原因是幼儿园的环境。(　　)

8. 对幼儿情绪情感的发展影响较大的是父母和教师的态度。(　　)

9. 自言自语包括两种形式，一是问题言语，二是自我中心言语。(　　)

10. 4岁的幼儿注意能保持20分钟左右。(　　)

四、简答题(共22分)

1. 同伴关系对儿童的发展有什么作用？(8分)

2. 要保持幼儿情绪的健康，应注意哪些问题？(10分)

3. 从幼儿的社会性行为发展来分，可将幼儿游戏的发展分为哪几个阶段？(4分)

五、论述题(共20分)

1. 如何培养幼儿的交往能力？(12分)

2. 如何在活动中培养幼儿的想象力？(8 分)

六、案例分析题(16 分)

1. 在国外的一座戏院，刚巧在开场的一刻，来了四位先生。第一位急匆匆奔到门口，就要入内。看门的人拦住他说：“已经开演了，根据剧院规定，开场后不得入内，以免妨碍其他观众。”这位先生一听，立刻火冒三丈，与看门人争吵起来……正当他们吵得不可开交的时候，走来了第二位先生，看见看门人吵得门也顾不上看了，灵机一动，立刻侧身溜了进去。第三位先生走到门口，见状，不慌不忙，转回门外的报摊上，买了张晚报，坐在台阶上读起报来，他心中自有算盘：“看戏是休闲，看报也是休闲，看不了戏，看看报也不错”，倒也自得其乐。等到第四位先生走到门口时，见看戏无望，深深叹了口气，掉转头去，自言自语道：“嗨！我这人真倒霉，连看场戏都看不成……”他越想越难受，干脆坐在门口叹息起来。

这四位先生恰好代表了四种典型的气质类型。你能说出这四位先生分别代表了哪种气质类型吗？(8 分)

2. 国外有媒体指出，中国的小孩越来越不会玩了。他们发现，中国的父母总是希望自己的孩子穿得干干净净，不允许他们做那些可能会弄脏衣服的游戏。同时，中国很多的年轻父母觉得游戏对于孩子的成长意义不大，为了不让孩子输在起跑线上，应该花更多的时间来学习画画、英语、钢琴等。

请用相关知识对这些父母的做法进行评价和分析。(8 分)

【参考答案】

一、单项选择题

1. D　2. C　3. B　4. D　5. A　6. C　7. D　8. A　9. C　10. C

二、多项选择题

1. ABCD　2. ABC　3. ABD　4. ABC

三、判断题

1. √　2. ×　3. √　4. ×　5. ×　6. ×　7. ×　8. √　9. ×　10. ×

四、简答题(22分)

1. 同伴关系对儿童发展的作用：(8分)
① 同伴交往可以满足儿童归属和爱的需要以及尊重的需要；
② 同伴交往可以促进亲社会行为的发展；
③ 同伴交往对儿童的社会适应性及心理健康具有重要影响；
④ 同伴交往可以促进儿童思维的发展。
2. 要保持幼儿的健康情绪，父母和教师应注意这些问题：(10分)
① 使幼儿经常处于愉快的情绪状态
父母和教师要为幼儿创设一种愉快的生活环境，使幼儿充分享受到生活的乐趣；同时，激发、培养幼儿对客观事物的广泛兴趣，保持幼儿愉快的情绪。
② 不要给孩子造成过大的精神压力
很多家长和教师在幼儿期就给孩子安排了过多的学习任务，造成幼儿情绪的紧张、焦虑等消极情绪，不利于幼儿情感的发展。因此，要适当减轻孩子的负担。主动参与儿童的游戏，并担任一个角色。
③ 让幼儿充分活动，与小伙伴交往
要给幼儿适当的活动、交往的自由，让幼儿从中获得愉快和满足。
④ 允许幼儿有适当的宣泄
成人要允许幼儿适当地宣泄不良情绪，但要注意适度性，避免儿童过分强烈宣泄或持续时间过长，导致消极情绪的加强。
⑤ 让幼儿学会认识自己和他人
让幼儿学会评价自己，逐渐了解自己的长处和不足。同时，逐渐学会从他人角度考虑问题。这样，当遇到困难和挫折时，会有一种比较正确的态度，避免了消极情绪的干扰。
3. 从幼儿社会性行为的发展来看，可将幼儿游戏的发展分为四个阶段(4分)
①独自游戏；②平行游戏；③联合游戏；④合作游戏。

五、论述题(20分)

1. 培养幼儿交往能力的方法：(12分)
(1) 教会儿童合作，增强儿童的自信感(3分)
对那些因为攻击性行为而遭到同伴拒绝的儿童，教师要教他们如何用积极的方式解决冲突；对那些害羞和孤僻的幼儿，可以引导他们与更小的幼儿提前活动，从而增强其交往的信心，提高他们的社会交往能力。
(2) 教会儿童游戏，提高儿童的参与度(3分)

在游戏中，教师可以通过以下方式来提高幼儿游戏的参与度：

① 提供游戏的主题和一些需要的材料；

② 用多种方式鼓励儿童参与到游戏中来；

③ 主动参与儿童的游戏，并担任一个角色；

④ 针对目标，略作示范。

(3) 教会儿童接纳，融洽儿童的同伴关系(3 分)

教师要帮助被忽略型儿童和被拒绝型儿童积极和适当地对待同伴的参与，接纳他人的加入，帮助他们形成良好的人际关系。

(4) 教会儿童表达，培养儿童的积极情感(3 分)

教师在幼儿园一日活动中应当注意引导幼儿，如说话礼貌、对同伴表示同意和赞赏、微笑、轮流做事(玩)、共享一些东西、互相帮助等，同时，教师自己要亲身示范，以示榜样，以培养幼儿积极的情感。

2. 要培养幼儿的想象力，应该做到这几点：(8 分)

① 丰富幼儿的想象，发展幼儿的语言能力(2 分)

教师在各种活动中，要有计划地采用一些直观教具，帮助幼儿积累丰富的想象，使他们多获得一些进行想象加工的原材料。

② 在文学艺术等多种活动中，创造幼儿想象发展的条件(2 分)

文学活动中的讲故事能发展幼儿的再造想象；幼儿园多种艺术教育活动，也是培养幼儿想象发展的有利条件，这些都是发展幼儿想象力的有效途径。教师可以多提供给幼儿续编故事、画主题画、舞蹈表演等活动。

③ 在游戏中，鼓励和引导幼儿大胆想象(2 分)

游戏是幼儿的主要活动。游戏活动中，幼儿的想象异常活跃。因此，教师要引导幼儿参与各种游戏。给幼儿多提供玩具和游戏材料，鼓励幼儿大胆想象。

④ 在活动中进行适当的训练，提高幼儿的想象力(2 分)

有目的、有计划的训练，是提高幼儿想象力的重要措施。如讲故事、绘画、听音乐等，经常进行这样的活动，可以使幼儿的想象内容广泛又新颖。

六、案例分析题(16 分)

1. 第一位是胆汁质；第二位是多血质；第三位是黏液质；第四位是抑郁质。

2. (1)这些父母的做法是错误的。(3 分)

(2)分析：(5 分)

游戏是幼儿期的主导活动，游戏不但给儿童带来快乐，而且也是培育儿童走向健康人格发展的一种方法。

游戏对儿童发展的作用有：①适应幼儿心理发展的需要；②发展幼儿的智能；③平衡幼儿的情绪；④发展幼儿的社会性行为。

所以，父母们应该多给孩子创造和提供游戏的机会，让他们快乐、健康地成长。

模拟测试题(六)

一、单项选择题(每小题2分，共20分)

1. (　　)岁幼儿大多数能认识基本色，近似色，并能说出基本色的名称。

A. 2~3岁　　B. 3~4岁　　C. 4~5岁　　D. 5~6岁

2. 让一个4岁半的幼儿看完“牛、人、船、猪”四张图，要求他从中拿出一张不同的图，他拿出了“船”。是因为(　　)

A. 他认为牛、人、猪经常在一起出现，而船不是

B. 他认为船是没有生命的，而另外的都是有生命的

C. 他认为牛、人、猪都有头、脚和身体，而船没有

D. 以上理由都不正确

3. 幼儿学会一首歌后，老师一点歌名，孩子马上就能唱起来，这属于(　　)

A. 经验　　B. 记忆　　C. 思维　　D. 感知

4. 下列描述中不属于儿童语法结构发展趋势的是(　　)。

A. 从简单句到复合句　　B. 从不完整句到完整句

C. 从陈述句到多种形式的句子　　D. 从祈使句到陈述句

5. 孩子看到桌上有个苹果时，所说的话中直接体现“知觉”活动的是(　　)

A. “真香”　　B. “我要吃”

C. “这是什么”　　D. “这儿有个苹果”

6. 自尊心、自信心和羞愧感等是(　　)的成分。

A. 自我评价　　B. 自我体验　　C. 自我控制　　D. 自我觉醒

7. (　　)是人的认识和行为的唤起者和组织者。

A. 感觉　　B. 知觉　　C. 情绪　　D. 气质

8. 幼儿看着天空中的白云，会自然地把它们想象成小狗、小白兔、羊群等，幼儿的这种想象是(　　)。

A. 无意想象　　B. 有意想象　　C. 创造想象　　D. 再造想象

9. 人类思维的典型形式是(　　)。

A. 具体形象思维　　B. 直觉行动思维　　C. 表象思维　　D. 抽象逻辑思维

10. 幼儿画太阳时会给太阳添上眼睛和嘴巴，他们会和小动物、玩具说话，这说明幼儿的思维具有(　　)。

A. 经验性　　B. 拟人性　　C. 形象性　　D. 固定性

二、多项选择题(每小题3分，共12分)

1. 幼儿道德发展的特点包括(　　)。

A. 情绪性　　B. 具体性　　C. 模仿性　　D. 自立性

2. 下列有关同伴关系的描述，正确的是(　　)。

A. 发展社会认知
B. 有利于培养儿童积极的性格
C. 满足儿童归属需要
D. 减少幼儿亲社会行为

3. 幼儿学习方式主要有(　　)等。

A. 观察模仿学习　　B. 操作尝试学习　　C. 语言理解学习　　D. 游戏活动

4. 亲子关系通常被分为三种类型：民主型(　　)

A. 放任型　　B. 溺爱型　　C. 专制型　　D. 保护型

三、判断题(每小题1分，共10分)

1. 幼儿口语的发展主要表现在掌握语音、词汇、语法、语言表达能力的发展。(　　)

2. 在幼小的儿童身上常常见到破涕为笑，脸上挂着泪水又笑起来的情形，这主要是因为幼儿的意志力差的缘故。(　　)

3. 气质主要是先天获得的，是生理性的，有好坏之分。(　　)

4. 幼儿知道“夏天很热，最好不要到户外去”，这是幼儿感觉概括性的反映。(　　)

5. 注意是人生最早出现的认识过程。(　　)

6. 自我意识的发展是以儿童动作的发展为前提的。(　　)

7. 实验证明：在良好的教育环境下，5~6岁幼儿的注意可持续时间为20分钟左右。(　　)

8. 中班的幼儿会向老师告状，这是孩子理智感发展的表现。(　　)

9. 影响儿童个性发展的因素主要是家庭、幼儿园和学校。(　　)

10. 活泼热情，充满朝气；行动敏捷，灵活机智；情绪不稳定，粗枝大叶。这是多血质类型的表现。(　　)

四、简答题(共22分)

1. 幼儿交往能力的影响因素有哪些？(8分)

2. 影响幼儿道德发展的因素有哪些？(10分)

3. 在日常活动中，教师如何保护幼儿的感官？(4分)

五、论述题(22分)

1. 如何发展幼儿的言语能力？(10分)

2. 怎样培养幼儿的性格？(12分)

六、案例分析题(共14分)

1. 中班和大班的小朋友在进行“夏景”和“雪景”的想象时有如下描述：关于“夏景”，男孩说：“夏天就是小姐姐坐在河边，天热，她想洗澡，她还想洗脸，因为脸上淌汗。”另一个孩子马上接着说：“有个小女孩在小河边玩水，手里拿手帕当小船玩，又不敢放手，怕被水冲走。”关于“雪景”，一个大班男孩观察“雪景”后想象说：“她走在大路上正在想，她想上学，想当个学生；她还想上班，当个老师。”另一个女孩子观察“雪景”后想象说：“小女孩看见了雪人，雪人在看小女孩，两只手一动一动的，脚在跳舞，嘴巴在唱歌。”

请分析案例中的小朋友在想象“夏景”和“雪景”时运用了哪几类想象？(8分)

2. 幼儿园小班上计算课，作业内容是手口一致地点数“2”。老师讲完后，带小朋友一起练习。老师问一个小朋友：“你数一数，你长了几只眼睛?”小朋友回答：“长了3只。”年轻老师一时生气，就说“长了4只呢。”那小朋友也跟着说：“长了4只呢。”老师说：“长了5只。”那小朋友又说：“长了5只。”老师气得直跺脚，大声说：“长了8只。”小朋友也跟着猛一跺脚说：“长了8只。”老师忍不住笑了起来，那小朋友还以为对了，也咧开嘴天真地笑了。

分析案例中现象回答如下问题：(6分)

(1) 案例中小朋友表现出什么样的心理特点？(2分)

(2) 教师的做法对吗？请做简要分析。(4分)

【参考答案】

一、单项选择题

1. C　2. C　3. B　4. D　5. D　6. B　7. C　8. C　9. D　10. D

二、多项选择题

1. ABC　2. ABC　3. ABCD　4. AC

三、判断题

1. √　2. ×　3. ×　4. ×　5. ×　6. √　7. √　8. ×　9. √　10. √

四、简答题(22 分)

1. 影响幼儿交往能力的因素有：

① 行为特征，行为特征是儿童交往能力的重要体现。

② 认知能力。

③ 身体吸引力，幼儿园小朋友在一起活动时，已表现出“以貌取人”的倾向。

④ 成人的鼓励，在儿童与同伴交往的问题上，成人的鼓励就是教孩子玩，教孩子怎么和他们的同伴玩。

2. 影响幼儿道德发展的因素有：

① 家庭及其父母

家庭是幼儿接触到的最初的社会环境，社会的价值观念、道德规范等都是在第一时间通过父母传递给儿童的，并且，家庭中的各种因素和父母本身的特点都会影响幼儿道德的形成和发展。

② 游戏及其活动

游戏是幼儿的主导活动，尤其是角色游戏在幼儿社会性认知和社会能力发展中起着重要的作用。幼儿园的一日活动，更为幼儿良好道德行为的获得提供了机会。

③ 同伴及其交往

同伴交往对儿童道德社会化的影响作用主要体现在：同伴间的相互影响能使儿童形成良好的社会行为习惯；同伴作为一种社会模式榜样影响儿童行为的发展；同伴之间的交往有助于儿童道德情感的形成。

④ 社会榜样

榜样的力量是无穷的。为幼儿提供正面的榜样，是形成儿童道德行为的关键途径。

⑤ 教师及其影响

儿童道德的他律性特点，表明了周围人对于儿童的重要性，而在这些人当中，教师又有着其特殊性。幼儿从认识老师、喜欢老师到崇拜老师、模仿老师，老师是“一切美好的化身”，儿童道德教育“润物细无声”的功效就是从这里开始的。

3. 保护幼儿的感官，特别是视觉和听觉器官，防止发生病变，十分重要。教师在日常活动中，要重视幼儿感官卫生教育，做到如下两点：(4 分)

① 常提醒幼儿注意用眼、用耳卫生。(2分)

要求幼儿不用脏手或脏手帕揉擦眼睛，不在光线太强或太暗的地方看书、画画，不在车、船上看书，不在走路时看书，不随意挖耳朵等。

② 对有感官缺陷的幼儿给以必要的帮助。(2分)

对有感官缺陷的幼儿，要及时和家长联系，帮助其及时治疗，同时在幼儿园活动和生活中，给以必要的帮助。如让弱视、近视、重听等幼儿尽量朝前坐等。

五、论述题(22分)

1. 幼儿的言语能力是在交流和运用的过程中发展起来的。应为幼儿创设自由、宽松的语言交往环境，鼓励和支持幼儿与成人、同伴交流，让幼儿想说、敢说、喜欢说，并能得到积极回应。

幼儿的言语能力是在社会环境与教育的影响下形成和发展的，因此，要重视在实践中发展幼儿的言语能力。

(1) 创设良好的语言环境，为幼儿创造交往和说话的机会，并体验语言交往的乐趣。

组织丰富多彩的活动，使幼儿广泛地认识周围世界，扩大眼界，丰富知识面，增长词汇。同时，要给幼儿提供更多的交往机会，尤其是和小朋友的交往机会。当孩子见多识广，语言自然也就丰富了。

当幼儿急于表达而说不清楚的时候，提醒他不要着急，慢慢说，同时要耐心倾听，给予必要的补充，帮助他理清思路并清晰地说出来。

(2) 把言语活动贯穿于幼儿的一日活动之中

幼儿园专门的语言活动时间是有限的，教师还应在日常生活中培养幼儿的言语能力。教师可以组织幼儿收听广播、看电视、阅读图书、朗读文学作品等来丰富和积累文学语言；在一日生活中，通过随时的观察、交谈等来获得大量的感性认识，并复习、巩固和运用在专门的语言活动中学过的词汇和句式等，更多地学习新的词汇，学会用清楚、正确、完整、连贯的语言描述周围事物，表达自己的情感和愿望。

(3) 培养幼儿初步的阅读理解能力

① 经常和幼儿一起阅读，引导他以自己的经验为基础理解图书的内容；

② 在阅读中发展幼儿的想象和创造能力；

③ 引导幼儿感受文学作品的美，有意识地引导幼儿欣赏或模仿文学作品的语言节奏和韵律，让幼儿体会作品的感染力和表现力。

(4) 成人良好的言语榜样

① 成人注意语言文明，为幼儿做出表率；

② 以身作则帮助幼儿养成良好的语言习惯。

(5) 注重个别教育

由于每个幼儿的个性特征和智力水平都存在差异，言语的积极性和驾驭语言的能力不一样。因此，教师在教育活动及日常生活中，不可忽视对幼儿的个别教育。如对言语能力强的幼儿，可提出更高的要求；对言语能力较差的幼儿，教师要主动亲近和关心他们，有意识地和他们交谈，鼓励他们大胆说话，表达自己的要求、愿望，叙述自己喜闻乐见的事，给予他们更多的语言实践机会，从而提高他们的言语水平。

更详细内容参见第66页第八章第二节“三、在实践中提高幼儿的言语能力”。

2. 幼儿期，幼儿的性格还未定型，而幼儿正是富于可塑性的时期，因而要特别重视幼儿的性格教育，使幼儿形成良好的坚强的性格。

① 加强思想品德教育

性格标志着一个人的思想品德。只有具有良好的思想品德，才会形成坚毅的性格。教师应根据幼儿的心理发展特点，采取生动有效的方法，加强思想品德教育，培养他们热爱祖国及爱科学、爱学习、爱劳动等品德；培养幼儿从小爱探索、自己动脑动手等习惯。使幼儿掌握一些行为规则、分辨简单的是非，逐步形成良好的性格。

② 引导幼儿参加集体生活和实践活动

集体是塑造性格的重要条件，同时集体生活能使幼儿已经形成的某些不良性格特征等得到纠正，使性格趋于完善。

幼儿的性格又是在实践中形成的。幼儿在游戏、学习和劳动中掌握行为准则，而且实际运用于自己的行动上。已形成的良好性格特征在实践中得到巩固，不良的性格特征因为受阻止、批评而逐渐改变。

③ 树立良好的榜样

教师和父母要重视榜样在幼儿性格塑造中的作用。幼儿好模仿，教师和父母要给幼儿提供好榜样，如英雄模范、先进人物等，并指导和鼓励他们学习。

教师也可以指导幼儿学习周围同伴的良好性格。同伴是幼儿最接近、最具体的榜样，有助于幼儿相互学习，形成良好的性格。

教师和父母的榜样对幼儿性格的塑造发挥着潜移默化的作用，因此，教师和父母要做幼儿的好榜样。

④ 巩固幼儿良好的性格特征，克服性格方面的缺点

教师和父母要采用适宜的表扬方式，及时肯定和表扬幼儿所表现出的良好的性格特征，使幼儿产生荣誉感，从而使它反复发生，巩固发展。对于表现出不良性格的幼儿，要了解原因，采取个别教育、启发诱导的方法，指出缺点，提出明确要求。当幼儿有了进步，就及时表扬，鼓励他们继续努力，使幼儿的不良性格逐渐改变，良好的性格逐渐形成发展。

六、案例分析题(共 14 分)

1. 案例中的小朋友在想象“夏景”和“雪景”时运用了下列几类想象：①经验性想象：幼儿凭借个人生活经验和个人经历展开想象；②情境性想象：幼儿想象由相应情境引发；③愿望性想象：在想象过程中表露出个人愿望；④拟人化想象：把客观物体想象成人，用人的生活、思想、语言等去描述。(共 8 分，每答对一点得 2 分)

2. (1) 案例中小朋友表现出爱模仿的心理特点。爱模仿是 3~4 岁幼儿突出的性格特点。幼儿最喜欢模仿别人的动作和行为。(2 分)

(2) 教师的做法不对。(1 分)

分析：3~4 岁的幼儿模仿性很强，对成人的依赖性也很大。模仿是 3~4 岁幼儿的主要学习方式，他们主要是通过模仿他人来掌握和学习别人的经验的。而且幼儿对事物的理解往往是表面的，不能理解事物的内部含义。幼儿还常常模仿老师，幼儿对老师说话的声调、坐的姿势都会模仿。所以老师的言传身教非常重要。老师应该谨慎对待幼儿的模仿，不能在幼儿面前做出错误的榜样，不能说反话，否则将引起极其不良的后果。(2 分)

案例中的老师既给幼儿做出了错误的榜样，同时又说了反话，所以他的做法不对。(1 分)

参 考 文 献

陈帼眉主编．幼儿心理学．2 版[M]．北京：北京师范大学出版社，2017.
王振宇主编．幼儿心理学．2 版[M]．北京：人民教育出版社，2012.
史献平主编．幼儿心理学[M]．北京：高等教育出版社，2009.